船舶磁特征的开发与利用

Exploitation of a Ship's Magnetic Field Signatures

[美]约翰·J. 福尔摩斯(John J. Holmes) 著

孙玉东 王飞 王锁泉 译

国防工業出版社

·北京·

著作权合同登记　图字:军 - 2019 - 017 号

图书在版编目(CIP)数据

船舶磁特征的开发与利用/(美)约翰·J. 福尔摩斯(John J. Holmes)著;孙玉东,王飞,王锁泉译. 北京:国防工业出版社,2024. 9. -- ISBN 978 - 7 - 118 - 13444 - 5

Ⅰ. U661. 3

中国国家版本馆 CIP 数据核字第 2024XP8794 号

※

国防工業出版社 出版发行
(北京市海淀区紫竹院南路 23 号　邮政编码 100048)
北京虎彩文化传播有限公司印刷
新华书店经售

*

开本 710 × 1000　1/16　**印张** 4½　**字数** 67 千字
2024 年 9 月第 1 版第 1 次印刷　**印数** 1—1000 册　**定价** 58. 00 元

国防书店:(010)88540777　　书店传真:(010)88540776
发行业务:(010)88540717　　发行传真:(010)88540762

目　　录

1 引 言

通过感知水下磁场探测舰艇是否存在的技术,主要应用于海底战争。鉴于电磁场在导电海水中的传播损失,感兴趣的频率通常限于 0~3Hz 的超低频(ULF)以及 3~3kHz 的极低频(ELF)。直到最近,尽管规划和建造全电舰艇所使用的高功率推进电机、发电机和高电流分布系统提升了对 ELF 的关注,但就磁隐身而言,所关注的频率仍然集中在 ULF 和 ELF,因此,本书的讨论将主要集中于开发与利用水面舰或潜艇的 ULF 磁场特征。

术语“特征”广泛应用于声学测量和船舶水下声场检测领域,类似签名文档上的手签,可以将船舶所产生的水下声音具有的独特特征用于与其他船舶区分。尽管水面舰或潜艇所产生的磁场不像其声学特性那样独特,但术语“特征”已经被用来描述船舶电磁场的空间和时间分布。

大多数人会比较熟悉磁铁周围撒上铁屑或锉屑形成图案的现象:当将铁屑铺在位于磁铁上方并且振动的纸板上时,磁化的铁屑会与磁场对齐,所得到的图案勾画出无法使用肉眼直接看到的磁场轮廓。因为磁场看不见、听不到且感觉不到,所以会很难理解它在海军舰艇周围的存在是如何增大舰艇被水雷和探测系统发现的概率。对磁特征的生成机制及其物理原理的基本理解会降低这种神秘感。

ULF 频段主要存在以下四种船载磁源:

(1) 建造海军舰船所使用的铁磁钢在地球自然磁场中感应引起的铁磁性;

(2) 任何船载导电材料(磁性和非磁性)在地球磁场中旋转产生的涡流;

（3）由自然电化学腐蚀过程或人为设计用于防止船舶腐蚀（生锈）的阴极保护系统，将电流施加到船舶的导电船体和周围的海水中产生的电场；

（4）流入电动机、发电机、配电电缆、开关装置、断路器和其他有源电路的电流。

将在第 2 章对每个船载磁源背后的物理原理进行详细讨论，并分别简要介绍降低这些磁源的方法。

水下战争对船舶或潜艇磁场特征的利用可以分为水雷战（MIW）和反潜战（ASW）两类。水雷是第一种可以通过感应磁场进行探测、定位和攻击船只的武器。1920 年，德国开始大规模开发一种靠近海底或浮在水中的水雷，会对目标船只的磁场进行探测，若满足某些要求，则会自动引爆。人们发现，非接触式水下爆炸产生的冲击波能够在远处击沉或严重损坏船舶。这种非接触式武器称为磁感应水雷，将在第 3 章对其基本工作原理进行讨论。

水雷很危险，被海军水雷击沉或损坏的船只总质量超过数十万吨。第一次世界大战期间，各方共布设了 309700 枚水雷，击沉或损坏 950 多艘船只。这个数字在第二次世界大战期间增加到 70 万枚，击沉或损坏的船只数量超过 3200 艘[1]。自 1950 年以来，共有 14 艘美国海军船只成为水雷的牺牲品，USS PRINCETON（CG 59）舰于 1991 年在“沙漠风暴”行动期间被伊拉克水雷破坏[2]。即使像“伊拉克自由行动”（2003 年），联军海军依然需要进行大规模扫雷行动，幸运的是在伊拉克部队部署大部分武器之前，这些行动被成功阻止[3]。

水雷价格便宜、容易制造且可以在国际武器市场上买到；但是，搜寻和清除它们既困难又耗时，并且由于可以使用隐蔽手段部署而无须直接面对敌方全副武装的海军力量，海军雷区所造成的伤亡却会威胁水手的性命，延迟或改变冲突的结果，阻止海军能力的迅速重建，损害经济以及对国内外政治造成不利影响。海军水雷数量有增无减，是一种非常有效的武器，因此有必要采取行动对抗其效力。

目前，已经有几种手段可以用于降低系泊式和底部磁感应水雷的威胁，将扫雷、猎雷和船舶磁特征消减技术综合使用，以降低战斗舰艇或支援船舶触发水雷的可能性。将在第 3 章阐述这些水雷对抗（mine countermeasure，MCM）技术，以说明它们是如何相互补充并产生协同效益的。降低海军舰艇触发水雷的灵敏度，同时尽量减少使雷场失效所需的时间和物质资源，是 MCM 研究的重点。

由于作者能力和篇幅限制，本书不会对进攻性和防御性水雷战的各个方面进行全面讨论。在开发攻击性水雷时，有许多因素需要考虑，在应对这种威胁时更是如此，其重要性在很大程度上取决于具体应用环境。本书将在尖端技术层面描述磁感应水雷的设计和使用，以及对如何保护己方舰队免受这些武器攻击的系统和技术进行讨论。

利用船舶磁特征进行水下海战的第二项重要应用是反潜战。过去，主动和被动声纳系统是探测潜艇的主要手段；然而，随着减振降噪技术的快速发展，反潜战现场已经转移到高噪声和声学上更具有挑战性的浅水滨海环境。因此，反潜战的任务发展到现在，已经使潜艇磁场的探测范围达到能够与声学技术相近的程度。将在第 4 章讨论使用磁特征探测和定位潜艇的技术。

参考文献

[1] G. K. Hartmann and S. C. Truver, *Weapons That Wait*, 2nd ed, Annapolis, MD: Naval Institute Press, 1991, pp. 242 – 244.

[2] Chief of Naval Operations. "Thunder and Lightning: The War with Iraq," Department of the Navy – Naval Historical Center, Washington, DC, May, 1991 [Online]. Available: http://www.history.navy.mil/wars/dstorm/ds5.htm.

[3] P. J. Ryan, "Iraqi freedom: Mine countermeasures a success," *Proc. U. S. Naval Inst.*, vol. 129/5/1, 203, May 2003.

2 船上磁源

2.1 磁性船的演化

船舶并非一开始就是由钢铁建造的,直到19世纪中叶,商船和军用战舰还都是用木头建造的。然而,在使用火炮对岸上设施和其他船只进行近距离轰击时,其作为舰载武器威力变得非常大,巨大的炮弹很容易撕裂木质船体,对结构造成严重破坏,甚至会将船舶击沉。随着铁板变得越来越容易制造,其作为防护装甲在海军舰艇中的应用不可避免。

第一艘采用铁板覆盖木质船体的是法国军舰La Gloire,其质量为5630t。鉴于铁甲被附着或覆盖在水下木质船体的外面而称为铁甲船[1]。La Gloire于1859年交付海军开始执行作战任务,1860年建造了HMS WARRIOR舰船,其船体完全由铁建造,而不是覆盖在木质船体的外面,质量达9210t,于1860年交付给英国皇家海军[2]。尽管这两艘船是首次采用钢铁防护的船,但是直到美国内战才明确证明海军装甲的军事价值。

两艘铁甲船之间的第一次火炮对射发生在1862年美国内战期间的汉普顿战役中。CSS VIRGINIA[3]也称为MERRIMAC,这艘3200t的同盟铁甲船与美国海军的980t装甲护卫舰USS MONITOR交火[4]。尽管两艘战舰互相投掷了几小时的炮弹,但是双方都没有获得胜利;尽管如此,MONITOR和MERRIMAC的战斗确实从侧面证明了装甲战舰优于木质战舰。

到20世纪初,几乎所有海军的前线战舰都是用钢铁建造的。在具有革命性技术突破的 HMS DREADNOUGHT 战舰(18000t)投入使用之后,这些早期的战舰和战斗巡洋舰都被称为无畏舰。为了保护这些庞然大物免受爆炸性炮弹的破坏,它们的船体由厚达 3 英寸(1 英寸 =2.54cm)的黑色钢铁制成。

通常情况下,对一种军事威胁采取的对抗措施会使那一种军事威胁变得脆弱。在第一次世界大战期间,英国皇家海军试图利用军舰的铁磁特性开发第一个由船舶磁场触发的海军水雷。虽然这种水雷触发机构设计不佳的机械特性妨碍了其对战争可能产生的影响,但是磁感应水雷在后期的海战获得进一步发展。

截至目前,几乎所有的海军舰艇都是用钢铁建造的。建造现代海军舰艇所使用的铁磁钢相对磁导率通常会接近 300,这使得厚船体成为地球静磁场的低磁阻路径,并扭曲地球静磁场。当船舶在固定或者安装在移动平台上的传感器的上方通过时,这种地球磁场的失真或异常,会作为时变信号被传感器检测到。本书将概述船上磁特征的来源,以及海军水雷和海底监视系统对船舶磁特征的利用。

2.2 铁磁特征

第一个也是最重要的船舶磁源是用于建造船体、船体内部结构、机械和设备的铁磁钢的磁化。可以通过袖珍罗盘轻松检测到地球的自然磁场,地球的自然磁场是船舶感应磁化的主要原因。虽然目前对于地球核心发生的高度非线性磁流体动力学仍未完全搞明白[5],但是地球主要磁场在世界海洋上的分布已经被广泛绘制与建模[6],并作为纬度、经度和航向的函数用于预测船只的磁特征。

磁场由运动的电荷产生,电荷既可以作为电流以线性方式流动,又可以围绕各自的轴旋转。另外,电荷既可以为正(如质子)又可以为负(如电子)。带负电的电子的运动是所有水面船舶和潜艇磁特征的主要来源。

对运动电荷产生磁场的微观机理的解释根植于相对论[7],此外,关于电子电荷的量子力学仍未完全理解;然而,以均匀带电球体的运动或旋转电子的宏观模型足以解释来自船舶的磁场。

电流在导线中流动时,会在周围产生循环磁场。电子从电池的负极经过导体流到电池的正极时,会留下带正电的原子,这些原子固定在金属导体的晶体结构中不发生移动。因电子流动而变为带正电的原子称为空穴,并且可以视为在与电子流动相反的方向上移动的正电荷。正电荷的流动方向称为常规电流,即从电池的正极通过电路进入负极。由电流产生的磁场遵循右手规则(右手的拇指放在常规电流的方向上,然后手指卷曲指示磁场的方向)在导线周围循环。无论电路的几何形状如何变化,沿着电路的所有点都存在磁场。

电流回路的磁场在电路尺寸缩小时开始呈现规则形状。对于单个环收缩为一个点的极端情况,可以使用偶极子方程预测其磁场,其偶极矩 $\overline{m}$ 等于环路面积乘以电流[8]。如果环路包含多条线路,则总偶极矩是每条导线计算的总和。国际单位制(SI)中磁偶极矩的单位是 $A \cdot m^2$,而磁场强度 $\overline{H}$ 的单位是 A/m,磁通密度 $\overline{B}$ 的单位是 T。

旋转电子也产生偶极磁场,其是铁磁性的潜在来源。由于电子带负电,其磁场似乎是由一个环产生的,而传统的(正)电流沿与其旋转方向相反的方向流动。单个旋转电子的磁偶极矩约为 $9.27 \times 10^{-24} A \cdot m^2$。原子核周围轨道中的电子可以在两个方向中的任何一个方向围绕自己的轴旋转,称为上旋或下旋。在诸如铁的铁磁元素的原子中,除第三轨道之外的所有轨道都填充有数量相同的上、下旋电子。第三轨道中的不成对电子产生净非零磁自旋矩,其磁场可以影响晶体相邻原子中不成对的第三轨道电子。

元素在第三轨道具有不成对电子不足以使其具有铁磁性。晶体结构中相邻原子之间的距离必须合适,以便能够在这些不成对电子之间进行有利的能量交换,从而影响彼此的自旋。而具有正能量交换的元素往往是铁磁性的,包括铁这种船舶建造用钢中的主要元素。

元素的合金化会通过改变晶体间距改变元素的铁磁性质。例如,如果锰与铜、铝和锡形成合金，则会由于合金的原子间距变大，而使合金具有铁磁性，即使这些构成元素本身都不是铁磁性的。相反，如果铁与铬、镍形成合金，则所得到的钢为非磁性的，因为这种合金的原子间距不支持原子之间形成有利的能量交换。可以想象，在建造海军舰船时，大量使用铝和非磁性钢降低磁特征会是一项非常重要的工程应用。

含有大量铬的钢称为不锈钢。通过改变合金化过程中铁、铬、镍、碳和其他元素的比例，可以得到不同类型的不锈钢。然而，需要注意的是并非所有的不锈钢都是非磁性的。一些马氏体不锈钢（高碳不锈钢）仍然具有非常强的铁磁性，而一些奥氏体不锈钢（铬含量较高）可以具有非常低的磁导率。然而，奥氏体不锈钢的成本，以及其对焊接程序的特殊要求和腐蚀问题，使它们无法直接成为铁磁性海军钢的替代品。

在一块未被磁化的铁磁材料的小截面上，相邻原子的未配对电子偶极子可以在相同方向上排列，形成磁畴。例如，在铁或钢制甲板内部就存在许多这种微观磁畴，但是当样品未被磁化或去磁时它们指向不同的随机方向。在样品上施加磁场时，其一些区域会在施加场的方向上变得对齐，而其他区域则保持原始取向不变，即得到被部分磁化的样品。如果施加的场足够强，则所有铁磁畴和未配对的自旋电子均会在与磁场相同的方向上对齐。这种完全磁化的现象称为磁饱和，可以认为是覆盖整个样品的一个大磁畴。饱和是任何铁磁材料的磁化上限，因为所有原子第三轨道中的所有未配对电子现在都是对齐的。

磁化钢的磁化和消磁是一个非线性的复杂过程。在此将再次使用一个简单模型解释磁化过程。关于铁磁性的更多物理细节可以参见文献[9]。

只有在屏蔽所有磁源的情况下，具有随机畴取向的未磁化钢才会保持这种状态。在没有外部场作用的情况下，消磁钢的内部净磁通密度和磁化强度为零，在图 2.1 中的曲线的原点处标记为点 1。在消磁钢上施加一个小的正外场，其内部磁通密度和磁化强度会增加（图 2.1中的点 2），其中一些磁畴的方向会与施加场的方向对齐。当外场减小到零时，磁畴会返回至其原始的零磁化方向。该可逆磁化与外部施加场成比例，称为感应磁化。内部场 B 和外部施加场 H 之间的比例常数是从点 1 到点 2 线段的斜率，即磁导率，磁导率的单位 H/m，是特定钢合金的特征。

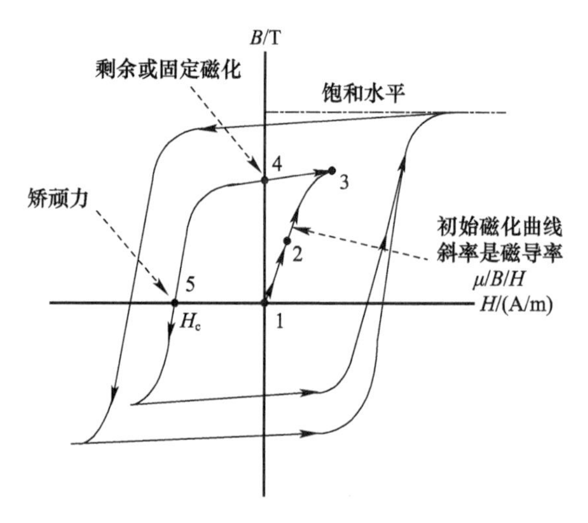

图 2.1　铁磁材料的磁滞示例曲线

如果所施加的磁场足够强，则钢的磁化强度不会返回到零。例如，如果增大外部场使磁畴足以达到图 2.1 中的点 3，然后再移除，则磁化不会返回到零。相反，在去除感应场后，与较大施加场方向相同的一些磁畴会保持该取向。退磁过程中回到纵坐标上的点 4 而不是返回原点。感应场被去除后仍然留在钢中的磁化，称为剩余磁化或固定磁化。为了迫使钢的磁化强度回到零，则必须施加足够强度的负磁场以达到点 5，此时所施加磁场的大小称为矫顽力，也是钢合金的特征。需要注意的是，尽管钢的磁化强度为零，但由于必须连续施加场 H_C 以保持这种状态，所以它不会消除磁性。通过越来越大的正、负极循环施加的场产生连续的滞后曲线族（在图中仅绘制了几个）。在图 2.1的示例中滞后曲线上标识有正饱和水平，在第三象限具有相应的负饱和水平。

将钢棒放置在均匀的磁畴中，不仅会被磁化，而且磁化会使感应场扭曲，导致磁通线向钢棒弯曲。按照惯例，磁场从磁铁的北极指向南极。磁化钢在传感器上方移动或者传感器在磁化钢旁移动，均会检测到作为时变信号的异常场。无论场是由感应磁化、固定磁化还是两者组合产生的，都会发生这种情况。磁感应水雷和潜艇监测系统利用的正是这种时变场。

地球磁场的大小约为50000nT，并且在任何船舶长度上都是均匀的。地磁场可以分解为一个在北半球向下和南半球向上的垂直分量以及一个总是指向北方的水平分量。虽然按照惯例磁场从磁铁的北极指向南极，但是地球的场向量是从其地理南极指向地理北极。地球磁偶极子的北极和南极与地理极点正好相反。这也就解释了为什么用作指南针的磁铁的北极总是被吸引并旋转到指向地球北极。

船舶可以在三个正交方向的每个方向均被地球磁化。每个磁化状态反过来产生垂直分量（正向下）、纵向分量（沿弓形正向）和横向分量（向右舷侧向正）三个磁特征矢量。位于磁北极的均匀磁化舰艇周围的磁通模式如图2.2(a)所示，海底矩形区域上三个分量的完整特征图的等高线图如图2.2(b)~(d)所示。图中的亮区表示正极性，暗区表示负极性。通过将轮廓图案与图2.2(a)绘制的通量分布预期的轮廓图案进行比较，可以加深对感应垂直磁化（induced vertical magnetization，IVM）特征形状的认知。

当一艘船从磁赤道向北航行时，它受到地球磁场的感应纵向磁化（induced longitudinal Magnetization，ILM）；当船向西航行时，受到感应横向磁化（induced athwartship Magnetization，IAM）。图2.3和图2.4分别是感应纵向磁化和感应横向磁化的通量模式和三轴特征等值线图。需要注意的是，对于均匀的感应纵向磁化，船的龙骨正下方的横向特征分量为零。对于均匀的横向感应磁化，纵向和垂直龙骨线磁特征为零。特征形状可以参见图2.3(b)、图2.4(b)绘制的各自的通量图案。

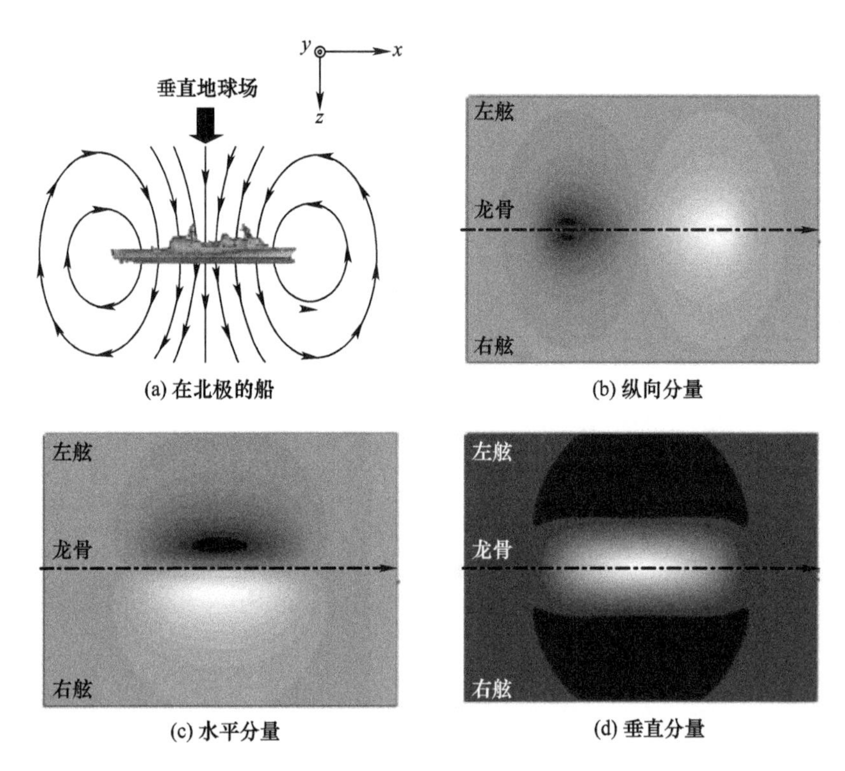

图 2.2 垂直磁化船舶的感应磁场特征分量

实践中,海军舰艇不会被均匀磁化,因为船体所使用的钢的分布不规则,从而其磁化也不均匀。船体的不规则几何形状(船形、上层建筑和潜艇指挥台围壳等)及其外部附属物(声纳罩、方向舵、轴和支撑等)的集中区域会使地球场导致的感应磁化偏离均匀条件。舰艇内磁性材料(机械、燃料、水箱、武器和黑色金属材料等)的集中使用,以及由甲板、舱壁和加强筋等产生的不规则通量路径,都导致形成非均匀磁化。用磁导率显著不同的钢材建造船舶也会产生不均匀磁化。因而,实际船舶磁特征的形状并不会像前面所叙述的那样简单。

船舶通常可以同时在三个正交方向被磁化。另外,鉴于地球磁场与钢的磁滞曲线的磁饱和水平相比最大幅值也较小,因此可以将磁导率视为常数。从而,处于地球上任意位置并在象限点航向上航行的海军舰艇将具有感应磁化,并且电磁特征的量级是 IVM、ILM 和 IAM 的线性组合。

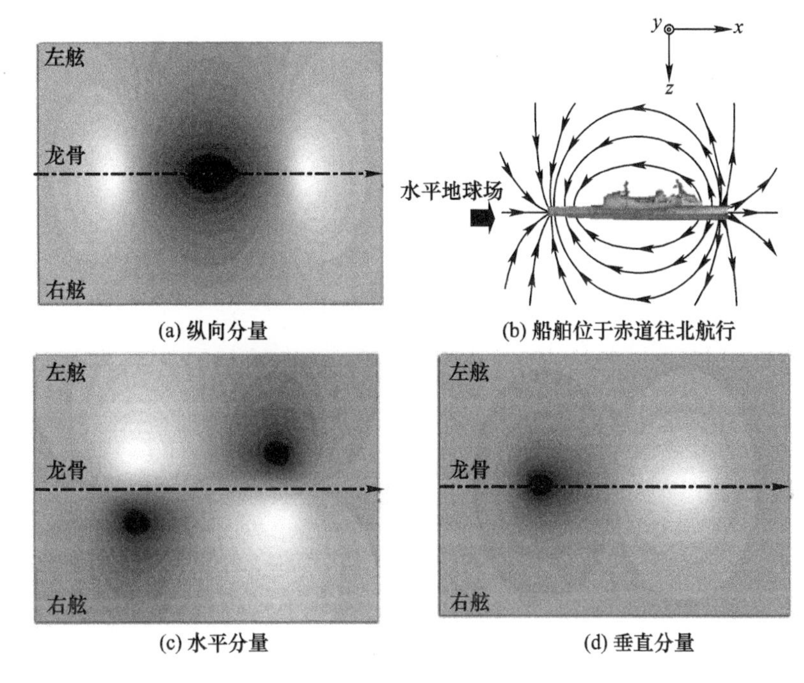

图 2.3　纵向磁化船舶的感应磁场特征分量

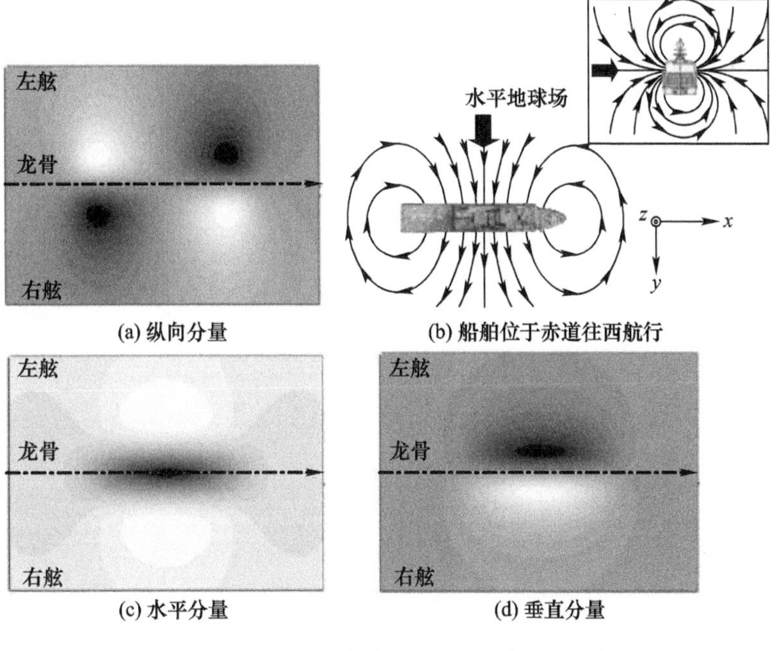

图 2.4　横向磁化船舶的感应磁场特征分量

船舶钢的磁滞曲线以及曲线上的工作点受温度、施加的大磁场及机械应力的影响。在铸造过程中，当钢的温度降低到居里温度以下时，其中一些磁畴将会被冻结到与任意外部施加场方向相同的方向，该外部场可能由地球或者由工业产生。船厂会将钢轧制成船体，并使用电磁铁起重机吊取，以及采用切割和焊接，从而使钢承受多种形式的应力。完成制造和施工后，船舶离开船坞时具有显著的剩余或固定磁化。

类似感应磁化，船舶的固定磁化同样可以分解为三个正交方向，三个固定分量分别为垂直固定磁化（permanent vertical magnetization, PVM）、纵向固定磁化（permanent longitudinal magnetization, PLM）和横向固定磁化（permanent athwartship magnetization, PAM）。三个固定磁化分量中的每一个均会产生自己的纵向、横向和垂直磁特征，这使得铁磁特征分量的总数达到 18，即 ILM、IAM、IVM 和 PLM、PAM、PVM 分别为 3 个。

在船舶下方 25m、距离龙骨水平距离 67m 处测量 13300t 商用水面钢体船的三轴磁特征。使用浸没式磁场传感器测量其纵向、横向和垂直特征，并在图 2.5 中将测量数据绘制为时间的函数，其中地球的

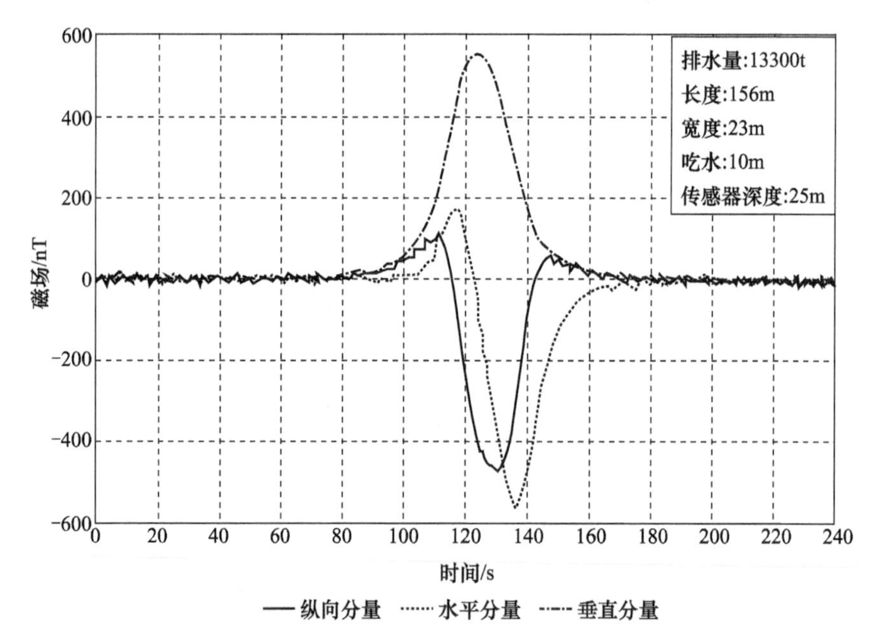

图 2.5　钢制船体水面船的三轴磁场特征

背景场已从数据中剔除。通过将图 2.5 中的场模式与图 2.2 ~ 图 2.4 中的场模式进行比较可以发现,舰艇主要在其纵向和垂直方向上被磁化,这些特征的强度非常大,并具有超过 40dB 的信噪比。

2.3 其他重要的磁源

船舶磁特征第二位重要的贡献源是涡流。当船舶在地球磁场内转动时,船上的任意导电材料均会产生涡流,该过程类似于发电机内部的绕组切割内部所建立的磁通线的情形。涡流产生自己的磁场,并可能增大船舶的铁磁特征。

导体不必具有铁磁性即可以产生涡流,由铝、不锈钢或钛建造的船舶在转动时依然会产生涡流。原则上,虽然船舶纵倾斜或改变航向时也会产生涡流,但这些分量相比横摇感应电流都较小。原因是感应电压和电流的幅值与角速度成比例,而角速度在横摇方向上最大,一些较小的水面舰艇和金属小船的横摇周期甚至可以短至 3s。

在某些航行条件下,涡流产生的场特征甚至会达到与铁磁成分相同的量级。此外,涡流的频率范围(船舶横摇周期)落在敌方用于探测船舶铁磁场的相同超低频频带内。因此,从船舶保护的角度来看,涡流特征非常重要。然而,在平静的水域和中等航速以下,舰艇不会产生地球场导致的涡流。因此,从水雷或潜艇监测系统设计者的角度来看,目标船舶产生的涡流特征虽然有助于其探测,但是由于不太可靠而不能作为主要探测手段。

第三,也是最不为人知的主要磁源是在水面舰或潜艇船体内和周围海水中流动的腐蚀电流。当船体的钢壳与铜螺旋桨电连接并浸入到海水中时会形成电池。腐蚀电流从船体经过海水到螺旋桨(某些船有一个以上的螺旋桨),然后通过轴承和驱动机构最终回到船体,形成完整的电流回路。腐蚀电流是静磁场和交变磁场的主要来源。

电流在海水中的流动机制与在金属导体中不同。纯水是一种良好的电绝缘体，水的氢原子和氧原子形成强共价键，并且在正常条件下，没有可以携带电荷的电子流动。如果对纯水施加足够的能量（电压），则一些电子将向上进入导带，从而使得电流以电弧的形式流动。

将盐混合到纯水中会产生导电电解质。氢原子与氧原子的不对称结合产生极化的水分子，其强度足以将盐分子分开。离子化的氯化钠构成了海水中88%的盐。被称为阳离子的正钠离子附着在水分子的负侧，而被称为阴离子的负氯离子固定在水分子的正氢侧（需要注意的是，水分子不与离子形成化学键）。当对放置在海水中的电极施加电压时，带正电的阳离子流向被称为阴极的负电极，而带负电的阴离子则流向被称为阳极的正电极。与金属导体不同，海水中的电流包括正电荷和负电荷，它们彼此流过具有相反极性的阳极和阴极。

船上产生腐蚀电流的主要驱动电压是钢壳和镍铝铜（nickel - aluminum - bronze，NAB）螺旋桨之间的电化学电位差。通常，以银-氯化物电极的电位为参照，各种材料的电化学电位：对于钢，约-650mV；对于NAB，约为-230mV[10]。虽然钢和NAB之间420mV的电位差看起来似乎很小，但是船体的大表面积和高导电性会产生相当大的腐蚀电流和磁场。

阴极保护系统用于防止船舶的金属船体腐蚀，其工作原理是将阳极材料转变为阴极而实现腐蚀防护。目前舰船上在用的阴极保护系统有两种：第一种是被动阴极保护系统，由大量焊接在船体上的锌棒组成。由于锌的电化学势能接近-1000mV，因此当它附着在船体上时会取代船体而成为阳极，而船体则变成阴极从而防止生锈。当然，锌棒本身会发生腐蚀，必须定期更换。因此，这种阴极保护的被动方法有时也被称为牺牲阳极系统。

第二种是外加电流阴极保护（impressed current cathodic protection，ICCP）系统，其主要用于大型船舶。ICCP系统的阳极不是锌棒，而是由含有铂涂层的电线或棒组成，其安装在绝缘外壳内的船体上，阳极与位于船体内部的电源相连，主动将电流泵入海水，使船体变为阴极。必须不断调节 ICCP 系统阳极的电压，一方面确保有足够的电流流动以保护船体免受腐蚀，另一方面防止过量的电流进入船体，而使船体发生氢脆反应，强度变弱。参考电池的银－氯化银电极安装在船体的几个不同位置，用于监测阳极电流的影响并进行相应调节。船舶的ICCP系统自动调整阳极电流，直到参考单元测量得到相对于船体被称为设定电位的指定电位。通常，相对于船体，海军 ICCP 系统的设定电位处于 －800～－850mV 的范围内。

阴极保护系统，尤其是 ICCP 系统会将大量的电流泵入海水，然后主要沿船舶纵轴流过船体（航空母舰上 ICCP 系统的电源总容量超过 1800A）。船体和螺旋桨轴电流是艇外腐蚀相关磁（corrosion related magnetic，CRM）特征的主要来源。可以将船舶表示为直流和交流纵向电偶极子，其 CRM 场遵循右手规则在船体周围循环。

由于海面和海底导电性的不连续性，在海水中流动的电流确实会产生小磁场。海水导电率从淡水河口的接近为零变化到海洋炎热区域的近 6S/m。不同导电率相接界面附近的海底有效电导率通常是水的 1%～10%（空气不导电）。两个界面上腐蚀电流密度的跳跃产生一个小磁场，该磁场从船舶的横向 CRM 特征中减去，同时产生一个本来不存在的纵向磁场分量。在直流和准静态频率下，垂直 CRM 特征完全不受海底或海面的影响。

静态 CRM 特征随距离的下降速度慢于铁磁或涡流场，原因是 CRM 场源是电偶极子，而后两个分量是由磁偶极子产生的，这是源之间的重要区别。在与舰艇的一定距离处，CRM 场可能是唯一可以被检测到的特征分量。CRM 场开始超过其他两个场占据主导地位的范围取决于源之间的优势。如果磁偶极子源很大，假设传感器系统的信噪比足以检测到 CRM 场，则它仅在远距离处重要。另外，如果铁磁和涡流源被显著减少或补偿，那么即使在对抗水雷很重要的非常短距离上，CRM 场也可能主导舰艇的磁特征。

目前,船上存在两个与腐蚀相关的主要交变磁场源。当推进轴旋转时,轴与轴承之间的可变接触电阻会调制腐蚀电流,轴调制电流会激发交变的 CRM 场,这些 CRM 场发生在轴频和其谐波上。另外,对 ICCP 系统输出的不充分滤波会将 AC 波纹电流泵入船体和周围的海水中。由 ICCP 波纹电流产生的交变 CRM 特征,将具有船舶电力频率或电源切换频率分量,具体则取决于系统设计。

因为交变磁场在较高频率下具有更高的传感器灵敏度,另外这些频带具有较低的背景噪声,从而更加会被容易检测到;然而,通过适当的滤波器设计可以消除 ICCP 波纹,而使用主动轴接地系统可以显著减少与轴相关的交变 CRM 特征[11]。因此,交变磁场特征的利用归属于与电涡流相同的类别,而不能依赖它来探测舰艇。

最后一个主要的船上磁场源为杂散场。船上的任意载流电路均会产生杂散场特征。较大的杂散场由船舶的机电机械和配电系统产生。大功率发电机、电动机、开关设备、断路器以及将它们互连的配电电缆均可以产生 DC 和 AC 场。铁磁钢壳在一定程度上会屏蔽内部杂散场源,削弱它们的特征,特别是在较高频率下。因此,目前杂散场磁特征是四个主要磁源中最小的。

磁杂散场特征的大小和重要性在不久的将来会逐渐变大。用非磁性金属(如铝或不锈钢)建造海军舰船的趋势可能会显著降低船体的静磁场屏蔽能力。事实上,使用非导电复合材料建造船舶,会完全失去目前由铁质船体提供的对所有杂散场的屏蔽衰减效果。此外,美国海军已承诺开发一种“全电动”船,该船将使用大型电动机推进。由于提供给推进电机的功率可能会超过 30MW,因此会有非常高的电压,更重要的是会有非常大的电流在船舶的电力系统内部流动。另外,如果将电动机安装在铁质船体的外部,由于根本不存在任何屏蔽,则会使问题变得更加严峻。在评估舰艇对磁场检测的真实灵敏度时,DC 和 AC 杂散场特征分量必须与其他三个磁源综合考虑。

有许多技术可以用于减少或补偿四个主要船上磁源的磁场。任何减少磁特征设计方案的第一准则，均是在尝试采用主动手段之前，应尽可能地采用技术上可行、经济上能承受的被动技术。例如，由非磁性和非导电材料建造的海军舰船，会将铁磁、涡流和 CRM 源导致的总磁场特征减少 40dB（可能必须保留一些黑色钢铁作为机械、武器和其他船舶系统的一部分，以使其正常工作）。另外，若在大功率电力推进电机、发电机及其设备和互连配电系统的前期设计中考虑磁隐身因素，则可以较低的成本大幅降低杂散磁场，且对船舶的影响很小。使用主动场消除技术，可在前述被动手段降低磁特征的基础上继续将磁特征减少20 ~ 40dB。对降低海军舰艇磁场特征方法的详细论述超出了本书的讨论范围，在此将不再展开。

参考文献

[1] L. Metcalfe, Encyclopedia: La Gloire. NationMaster. com. Rapid Intelligence Pty Ltd. Sydney, Australia Jan. 2005, [Online]. Available: http://www. nationmaster. com/encyclopedia/La - Gloire.

[2] ——Encyclopedia: HMS Warrior (1860). NationMaster. com. Rapid Intelligence Pty Ltd. Sydney, Australia July 2005, [Online]. Available: http://www. nationmaster. com/encyclopedia/HMS - Warrior - % 281860% 29.

[3] ——Encyclopedia: CSS Virginia. NationMaster. com. Rapid Intelligence Pty Ltd. Sydney, Australia July 2005, [Online]. Available: http://www. nationmaster. com/encyclopedia/CSS - Virginia.

[4] ——Encyclopedia: USS Monitor. NationMaster. com. Rapid Intelligence Pty Ltd. Sydney, Australia July 2005, [Online]. Available: http://www. nationmaster. com/encyclopedia/USS - Monitor.

[5] P. A. Davidson, *An Introduction to Magnetohydrodynamics*, Cambridge, United Kingdom: Cambridge University Press, 2001, pp. 166 - 203.

[6] S. Mclean, "The world magnetic model." National Geophysical Data Center. Bolder, CO. Dec. 2004, [Online]. Available: http://www. ngdc. noaa. gov/seg/WMM/DoDWMM. shtml.

[7] R. P. Feynman, R. B. Leighton, and S. Matthew, *Lectures on Physics*, 1st ed. , vol. II, Reading, MA: Addison - Wesley Company, 1977, pp. 13 - 6 to 13 - 12.

[8] R. P. Feynman, R. B. Leighton, and S. Matthew, *Lectures on Physics*, 1st ed. , Vol. II, Reading,

MA:Addison - Wesley Company,1977,pp. 14 - 7 to 14 - 8.

[9] R. M. Bozorth,*Ferromagnetism*,New York:IEEE Press,1993.

[10] H. P. Hack,"Atlas of polarization diagrams for naval materials in seawater",Naval Surface Warfare Center,West Bethesda,MD. Tech. Rpt. TR - 61 - 94/44,Apr. 1995.

[11] W. R. Davis,"Active shaft grounding." W. R. Davis Engineering Ltd. Ottawa, Canada. 2004 [Online]. Available:http://www. davis - eng. on. ca/asg. htm.

3 海军水雷对磁特征的开发与利用

3.1 磁感应水雷的进化

David Bushnell 发明了第一个海军水雷，并在美国独立战争期间由殖民主义者用于对抗英国舰队。用一个焦油覆盖的啤酒桶，末端有额外的木材用于增加浮力，水雷内部装满火药，在河中漂向锚泊的战舰，水雷内部的燧发枪在遭受轻微冲击时会点燃火药（希望这种冲击是通过水雷碰触船体产生的）。由于这种类型的水雷通过与目标接触发生爆炸，称其为接触式水雷。布什内尔水雷由于敏感的触发机制、火药容易被打湿以及水雷被困在目标的上游而变得不可靠[1]，但是从另一方面说明可靠性对海军水雷非常重要。

接触式水雷持续发展了许多年，在美国内战和俄日战争时期得到部署，并被广泛用于第一次和第二次世界大战。在此期间，触发机制也在发展，形成非常可靠的化学触角和电极发射装置。其中一些触角安装在球形水雷外壳的周围，该外壳系泊在水面以下几英尺处。触角由柔软的铅制成，覆盖在充满电解质的玻璃杯上[2]。当船撞到其中一个触角时，内部的玻璃会破裂，使电解液在两个触点之间流动，触发电路闭合而引爆。在第一次世界大战期间，数以千计的化学触角和电极水雷漂浮在整个欧洲和北海水域。电极水雷作为对抗潜艇的屏障特别有效[3]。目前系泊接触式水雷仍在使用。1991 年，“沙漠风暴”行动期间，TRIPOLI 号因触发一枚伊拉克接触式水雷受到严重破坏[4]。

在第一次世界大战期间,对抗系泊接触式水雷的电缆切割措施非常有效,以至于从 1920 年开始,德国开始研发在船舶周围即可触发的水雷。注意到英国开发磁感应水雷的努力,德国完善了海底水雷的设计方案:位于海底,不受电缆切割机的影响,当检测到船舶的磁场时爆炸。德国从 1925 年开始部署磁感应水雷,这种水雷在第二次世界大战期间沿着英国的海岸线和河口广泛部署,后来又用于抵御盟军对法国的入侵。

德国磁感应水雷中使用的场传感器有时称为磁针。磁针的操作基本上类似口袋罗盘的指针。当磁铁或磁化船在磁针上方移动时,它会根据相对极性旋转或“向上或向下”倾斜。磁针作为传感器引爆水雷,必须在启动时调平,这是在德国具有复杂但成熟的机械万向节和弹簧的磁感应水雷的做法。通过调节弹簧的张力,可以在部署时使磁针在当地处于水平位置。

第二次世界大战期间,几个由飞机在浅水域中布放而暴露的德国沉底雷被英国军械处理队解除爆炸机制并收回至岸边,并对其进行复原和检测。图 3.1 是以这种方式回收的德国磁感应水雷以及触发电路[5]。当水雷进入到水中后,一个压力安全开关关闭触发机制,当磁化船在水雷上方航行时,磁针将旋转,直到它闭合水雷电回路引爆电路。

通过重新配置磁针磁感应水雷可以得到不同的点火特性。可以定位接触点,使水雷在目标船只的北磁极或南磁极作用下被引爆。使用两个接触开关,在爆炸之前可能需要反转极性,分别通过正极或负极触发,反之亦然。水雷点火逻辑的这些变化是必要的,因为英国已经知晓水雷的工作机制并制定了相应的应对措施。

由于磁针的指向性,德国在第二次世界大战期间制造的水雷仅在检测到船舶的垂直磁场特征分量时才会引爆。可以通过调节点火装置的机械结构预设激发水雷所需的最小磁场强度。德国 MDA、JDA 和 M1 ~ M5 磁感应水雷可用的驱动阈值选择分别为 3000nT、2000nT、1000nT、500nT 和 250nT。在选择驱动阈值时必须考虑包括

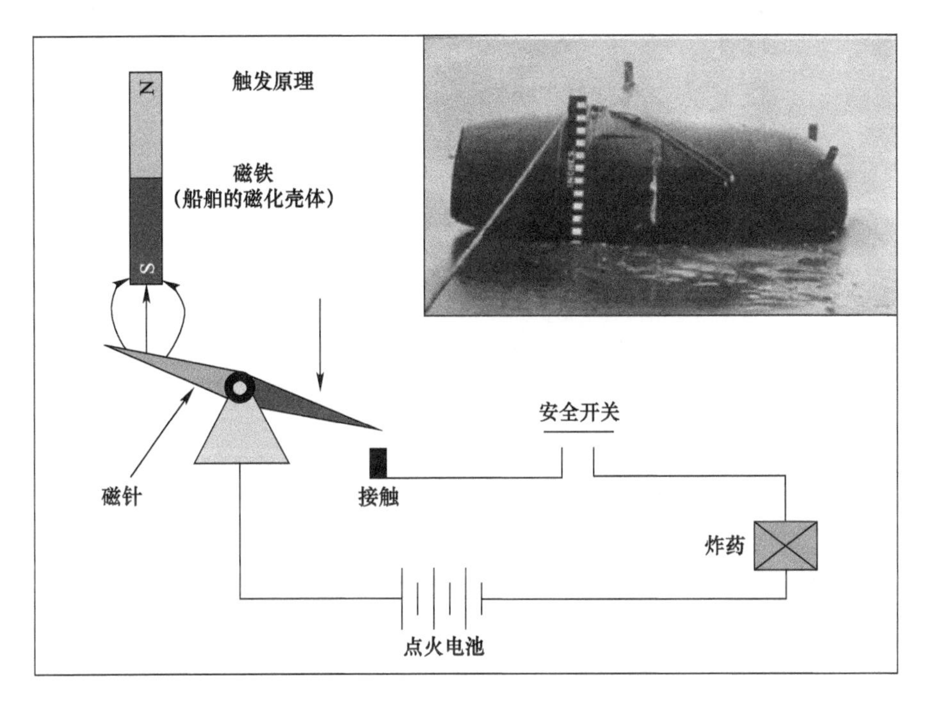

图 3.1　第二次世界大战期间德国磁感应水雷及其磁针点火电路

雷场目标的类型、目标的大小、预期的特征量级、爆炸装药的当量、目标对冲击损害的敏感性以及采取对抗措施所需要的代价等因素。

美国采取了不同的方法设计磁感应水雷传感器。感应回路不使用磁针,而是使用水雷目标探测装置(TDD)的磁传感器。感应传感器端子处的电压(称为搜索线圈)与通过的磁通量的变化率成比例。通过在镍铁坡莫合金棒上缠绕数百匝铜线以增加其灵敏度而制成搜索线圈 TDD。如图 3.2 所示的美国 Mk 52 磁感应水雷就是其中的一个例子[6],图 3.2 中还示出了感应水雷点火电路[7]。船舶通过时,在感应传感器的输出端会产生足够的电压以驱动敏感的二次继电器,该二次继电器闭合并点燃爆炸物。德国铜和镍的战略性短缺妨碍其生产搜索线圈感应水雷,迫使他们使用对机械要求更高的磁针传感器。

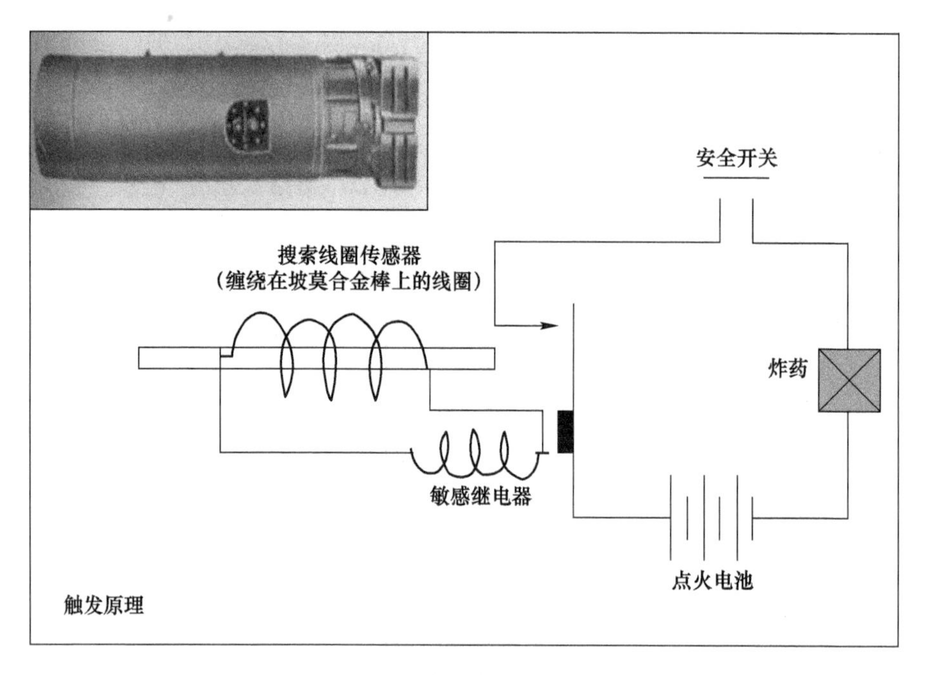

图 3.2　美国 Mk 52 磁感应沉底雷及其感应点火电路

3.2　现代磁感应水雷技术

自第二次世界大战以来,海军水雷获得了充足的发展(美国海军水雷开发的历史记录已记录在《白橡树实验室的遗产》中[8])。现代水雷所提升的能力包括:

(1) 威力更大的爆炸物使杀伤力和损伤半径均大幅增加;

(2) 具有较大攻击范围的自航式水雷,可增加雷区的威胁等级,同时所需部署水雷的数量可以更少;

(3) 可以更好地对目标类型和船级分类;

(4) 增加对扫雷、猎雷和目标船舶特征降低等对策的反制措施。

要对特征低的目标具有较大攻击效果和损伤半径,要求磁场传感器灵敏度高、低功率、价格低且结实耐用。另外,更大的目标检测范围迫使使用稳定的低频传感器,而目标分类和抗扫雷可以通过小的三轴式传感器实现。为了满足这些以及其他的一些独特操作要求，水雷设计师将注意力转向了磁通门磁力计。

H. P. Thomas 于 1931 年发明的磁通门磁力计是一种矢量磁场传感器，其工作原理类似磁调制器和磁放大器[9]。尽管存在许多种不同性能特征的磁通门设计方案，但所有这种类型传感器的工作原理都是调制循环饱和的铁磁芯内的准 DC 信号场。最简单的情形，磁通门芯是一个被称为驱动绕组的使用螺线管包裹的小铁氧体棒，第二个较小的拾取线圈(感应绕组)也缠绕在磁芯上。如果为驱动绕组提供足够的交流电流，则磁芯将随着铁氧体的磁滞曲线沿正向和负向交替饱和。如果磁芯中不存在外部磁场，则感应绕组的输出电压仅包含驱动频率的奇次谐波。当特征场(如来自船舶的特征场)被添加到磁芯时，滞后曲线沿其横坐标略微偏移，产生幅值与信号的幅值成正比的偶数谐波。通过使感应绕组的二次谐波输出由同步电子检测器并校准，可以精确测量特征场的幅值和极性[10]。

在越来越远的距离上检测船舶磁特征的要求，推动了从零(DC)到几千赫的高灵敏度、稳定及低噪声的磁通门的发展。满足这些操作需求的很重要的传感器组件包括[11]：

(1) 磁导率高、磁滞曲线包络面积小、磁致伸缩量低、巴克豪森(Barkausen)噪声低，以及截面、磁性、力学性能都均匀和电阻率高的磁芯材料；

(2) 磁芯几何形状和绕组结构，如单棒、双棒、环芯和磁道具有良好的热稳定性；

(3) 内部和外部场补偿技术，保持高传感器线性度；

(4) 对于驱动和传感电子设备，要求体积小、功率低、噪声低、稳定、宽带线性且价格低。

多轴应用中的其他一些问题则包括串扰、机械对准精度和稳定性。在磁通门磁力计的设计中必须考虑的参数数量使其成为一门真正的艺术。

符合感应水雷目标探测装置要求的磁通门磁力计在很久以前就

已经研发出来了。价格低廉的紧凑型传感器已经可以满足:0.05～1Hz频率范围内峰－峰值噪声低于0.25nT,温度范围为－40℃～＋50℃,且功耗仅为5mW。这些传感器足以探测到具有高信噪比的钢壳目标,达到现代爆炸水雷的最大损伤范围。然而,水下监视系统以及与其配套的水雷需要在更宽的带宽上具有更低噪声的磁力计。将在第四章对这些传感器进行讨论。

海军感应水雷将磁场探测与其他类型的场感应传感器(声学、压力以及地震等)结合使用,以实现四个主要目标:

(1) 消除或显著减少周围的自然或人为背景噪声;

(2) 探测到主要目标的存在,如攻击范围内航行的一类水面舰或潜艇,并测量其特征;

(3) 识别出对抗水雷的虚假目标信号,中止触发爆炸;

(4) 识别来自有效目标的特征,并在满足杀伤力要求时引爆爆炸装药。

当将水雷与其他类似武器一起部署在雷区时,在统计意义上应满足这些目标要求。为了实现这些目标,水雷将一个或多个传感器输出组合在一起,这些传感器分别检测流体动压力、宽带声学/地震信号、磁场及其梯度和(或)其他的感应变化。来自一个或多个传感器特征信号的处理,可以显著改善水雷满足所有四个要求的性能。

若将两个磁传感器安装在刚性基座上,使其传感轴对齐并减去输出信号,则得到磁梯度计。梯度计通常用于检测具有高梯度的近场源,但对长度上均匀的远距离源不太敏感。因此,采用磁梯度仪的水雷不易受到远处噪声源、虚假目标和水雷运动的影响,并且只有当船舶处于其致命范围内时才选择性地引爆。

在水雷中使用压力传感器是一把双刃剑。船舶的压力特征是由船首向船尾流动的水的伯努利效应产生的[12]。虽然很难使用扫雷系统人为地模拟这种感应特征,但它在使用时也有缺点。由于动态范围问题,压力传感器的低频响应受到更深处流体静压力的限制,这使得水雷容易在其致命范围内错过缓慢移动的船只。此外,水面波和涌浪会在传感器的通带中产生压力变化（背景噪声），从而掩盖目标特征或者不断激活压力通道。若压力感应水雷设置不正确，则可能导致雷区发生灾难性故障，即在损伤范围内不会攻击任何目标。

当声场与磁传感器结合使用时，声场会确认目标的存在。由于声场可以在海洋中高效率传播，从而可以在远离其源的地方进行探测，这对于具有有限攻击范围的水雷来说恰好是一个致命缺点。船舶的声学特征由机械、振动板架、船舶结构、螺旋桨以及船体周围水的湍流流动产生。组合的磁－声或磁－地震水雷不易受到背景噪声和远距离目标的影响而过早起爆，并且会使敌方的扫雷操作变得复杂化。

虽然早期的感应水雷在 TDD 中使用模拟电路决定是否触发，但现代感应水雷一般由微处理器控制，允许对发射硬件进行编程，以便快速方便地更改已安装的软件使其适应更多场景。这些低功率控制器监视水雷的布防并控制传感器，以确定是否已满足所有要求并激活，然后按照预编程逻辑确定是否以及何时应该触发。例如，当已经通过水中部署激活声－磁感应水雷的静水开关时，水雷开始监测背景声场，当其通带中的声能持续超过预设阈值足够长的时间时，控制器将开启磁传感器并监视输出。如果在指定时间内未超过磁场阈值，则水雷将关闭磁力计并切换回声道监测。如果在指定时间内超过磁力阈值，则水雷将启动，计数器减少一位，或者如果其计数器为零，则点火（船舶计数器用于扰乱扫雷操作或产生延迟威胁）。磁通道和声通道的作用可以通过首先用磁传感器监测并用声传感器启动实现反转。

实际海军水雷所使用的点火逻辑通常会比示例复杂得多。可以将多个阈值、特征极性和变化率要求结合到点火逻辑中。在决策模块内和流程之间的 TDD 编程中，定时和延迟功能非常重要。微处理器控制的 TDD 甚至可以在多个传感器通道之间执行复杂的实时相关，以增强其满足水雷四个主要目标的能力。但是，感应水雷必须能够依靠单个小电池持续运行长达 1 年的时间，因此不能长时间为高性能处理器供电。

清楚了解传感器的灵敏度、类型、频率响应以及实际水雷所使用的点火逻辑，显然具有非常重要的军事价值。当已知这些信息时，可以设计水雷对抗系统和特征抑制技术，以降低或消除威胁。因此，所有国家都将水雷系统作为秘密而谨慎保护。

由于部署在海底的感应水雷爆炸时不会与目标船舶直接接触，因此对船体造成损坏的机制可能并不直白。当水雷爆炸时，会有超过 10atm ($1\mathrm{atm}=1.013\times10^5\mathrm{Pa}$) 的高压气泡在水面上膨胀，产生最初以超音速运行的冲击波[13]。当这个压力脉冲撞击船舶时，会将动能转移给船体并导致其变形。如果船体不能通过塑性变形完全吸收冲击能量，就会破裂。

在实尺度沉没演习中，可以发现非接触式水下爆炸会导致船舶损坏严重。在澳大利亚驱逐舰 HMAS TORREN 龙骨下方的几英尺处引爆 650 磅(1 磅 =0.45kg)的非接触式爆炸物。如图 3.3(a)所示，冲击波的撞击使 TORREN 的船体弯曲非常明显。随着爆炸产生的气泡坍塌，其底部向上移动的速度比顶部向下移动的速度快。水的动量导致新的更接近船体的二次气泡形成，给船体带来第二次冲击以及水射流(图 3.3(b))。冲击的组合将船局部提升出水面，使其剧烈弯曲，一半发生鞭击(图 3.3(c))。驱逐舰分离的后半部分迅速下沉，只留下前半部分漂浮在海上(图 3.3(d))[14]。

即使船体没有破裂，来自压力脉冲的能量也会在整个船体结构中作为冲击和振动传递。船舶结构因冲击波产生的剧烈加速度可能会伤害船员，以及严重损坏机械设备和推进系统、武器和电子设备。因此，水雷不必击沉船舶才能发挥作用，瘫痪船舶使其中止任务可能会对战斗产生同样的直接影响。根据雷场的情景和目标，使船舶遭受中度损害可能会阻碍其任务的正常开展，继而影响交战结果。即使是对船舶的轻微伤害，也可能对战斗计划或在敌方的心理和政治层面产生不利影响。

正如第 2 章所讨论的，海军舰船的磁特征在幅值和形状上变化很大，因此很难对水雷的点火逻辑进行精确编程，其他感应场也是如此，因此必须在统计基础上处理、设定水雷的触发阈值。

图 3.3　HMAS TORREN 龙骨下方几英尺处引爆 650 磅非接触式爆炸物导致其沉没

捕获海军舰船磁特征变化的实船测量或数学模型可以用于确定船舶作为其相对位置函数的触发水雷的概率，通过对硬件或软件仿真输入大量特征将产生类似于如图 3.4 所示的理想化的触发概率示例曲线。触发概率曲线下方的面积为平均点火宽度，平均点火宽度有时用于雷区分析中作为水雷的触发曲线，并且在该宽度内的概率为 1，在外部的概率为 0。对于目标船舶随机通过的统计模拟，使用平均点火宽度通常会给出与特定水雷设置的概率曲线基本相同的启动次数[15]。

与触发类似，可以得到水雷爆炸药量产生的损伤概率曲线和平均损伤宽度，以及目标船舶冲击损伤的统计变化。将触发概率和损伤概率曲线相结合，给出目标船舶面对水雷时的真正脆弱程度，并且可以

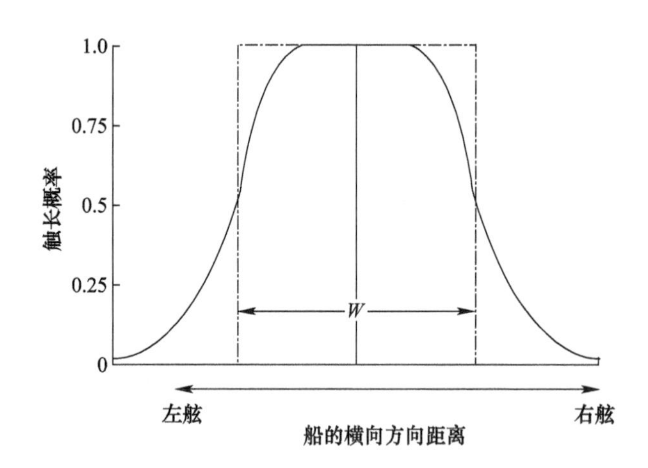

图 3.4　触发概率曲线的例子及平均触发宽度的简化表示

用于设定其最佳触发阈值(灵敏度设置),以实现雷场设计者的设计目标。然而,这里将使用明确定义的触发和损坏包络线,以便更清楚地说明水雷的灵敏度设置、水雷反制和磁特征减少之间的相互作用。

雷场设计人员必须对水雷的灵敏度进行设置,以确保其能够在目标船只通过时启动,从而获得所需的破坏程度,并能够抵抗环境噪声和水雷反制措施。例如,如果雷区的目的是对过境海军舰船造成足够的损伤,使其无法完成任务(任务中止损伤),那么最佳设置应该是触发水雷的距离等于任务中止范围的损伤距离。这里使用明确定义的简化的触发和损坏曲线(类似于平均触发和损坏宽度)以消除其边界的统计模糊性。图 3.5 是理想的最佳水雷设置触发轮廓以及在该示例中被认为是次优的设置。从图中可以发现,过于敏感的设置可能会导致水雷在距离船舶太远的距离上被引爆,从而不能达到雷区所要求的损害程度。这些水雷可能会被浪费,并在雷区留下一个可能对战斗结果很重要的空隙。此外,过于敏感的水雷也更容易被扫除,这将在后面进行讨论。反之,若水雷设置得不够敏感,则它将错过可能严重损坏甚至击沉目标的机会。将水雷设置的不够敏感,可能导致雷场发生灾难性故障,对过境船只不构成威胁。基于这些原因,海军舰艇的信号特征(幅值和形状)也受到严格保护。

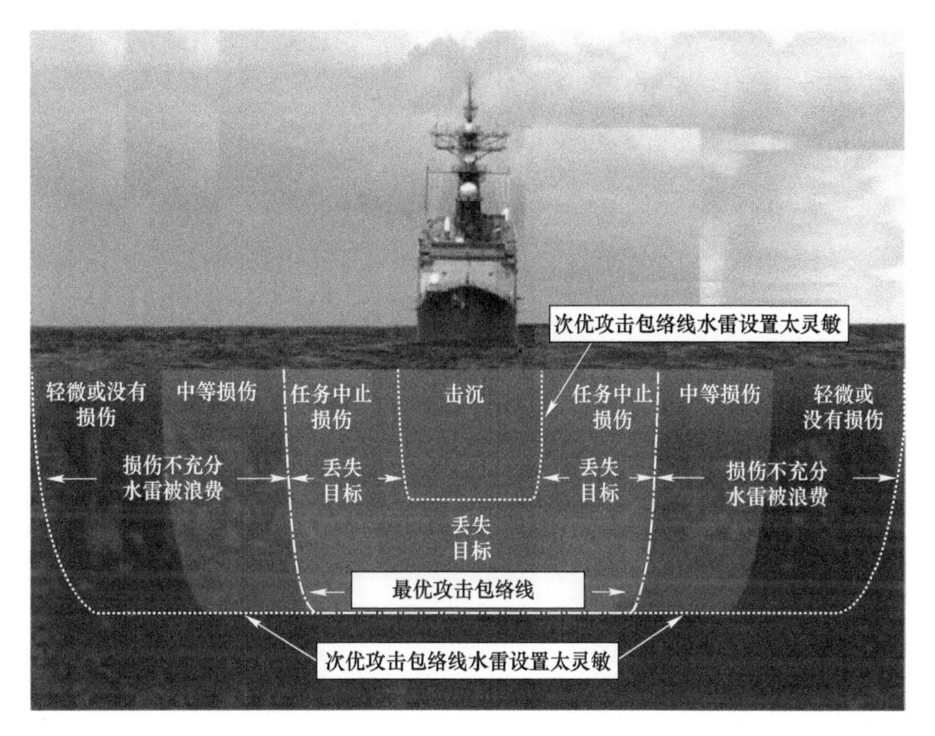

图 3.5 与任务中止损伤曲线相匹配的磁感应水雷作动曲线的理想示例以及两个次优设置

3.3 磁性水雷对抗措施

水雷战,特别是水雷对抗战术(MCM)非常复杂。在雷区丢失船舶或潜艇的风险与具体场景关系密切,并且对许多参数敏感,包括:

(1) 雷区的水雷密度(每平方千米数);

(2) 猎雷和扫雷平台的可用性及其在特定海洋环境中的有效性;

(3) 任务计划及其时间限制;

(4) 所需的"Q"路线(过境航道)的长度和宽度以及进行作业所需的面积;

(5) 战斗舰艇在通过战区的过程中触发水雷的敏感度;

(6) 如果触发的话,舰艇遭受水雷攻击的易损程度。

虽然排雷行动的绝对有效性及其对总体任务的影响在很大程度上取决于以上所列参数，但无论情景细节如何变化，战斗舰艇损失与反水雷战术和技术的功能关系都有明确的走向。

从历史上看，主动反水雷起源于为降低锚雷威胁所做的尝试。在第一次世界大战期间和第二次世界大战初期，两条浅吃水船之间的钢锯齿形切割链被用来阻挡与切割水雷的系泊链。后来开发出的一种爆炸式切割机，使得用一艘船就可以捕捉到水雷并将其与系泊设备分开。系泊链被切断后，水雷会漂浮到可能被攻击引爆或丧失攻击能力的水面，这种技术称为机械扫雷。

目前广泛采用的另一种水雷对抗技术是猎雷。船舶、直升机或安装在无人水下航行器(UUV)上的声纳可以轻松探测到漂浮在水体中的水雷。此外，最近开发的机载蓝绿激光技术可以探测靠近海底停泊的武器。在猎雷系统找到一个水雷之后，可以用小炸药将其摧毁；如果时间紧，则会标记它的位置；如果环境允许，则可以进行简单地规避。然而，与锚雷相比，搜寻磁感应沉底雷要困难得多。

所有良好的防御都是分层级的，就像在水雷战中一样。对水雷的第一个，也是最好的防御措施是防止它们制造、运输和部署。由于战术或政治限制，其中的许多水雷可能会被漏掉并被成功部署。第二个防御层，即主动的水雷反制措施，包括通过猎雷进行水雷探测，使用爆炸性炸药进行破坏，以及使用感应扫雷诱饵。感应扫雷系统产生的特征旨在触发特定的水雷或模仿战斗舰艇的进入。扫雷系统试图欺骗水雷使其在安全的较远距离上被引爆。但是，由于任务时间的限制、不利的环境条件以及过多的底部干扰，许多类似水雷的声纳接触、设备故障、操作员错误或计划不够完美等，在反水雷操作期间可能会漏掉一个或者多个活性水雷。然后防御任务就下降至船舶保护的最后一层——水下特征减少，隐藏船只免受水雷的攻击或用干扰信号使其“失明”。

海军平台对底部感应水雷的灵敏度与战斗舰艇穿越雷区之前的反水雷投入数量上呈抛物线关系。图3.6是密集、中等密度和稀疏雷场的这种抛物线关系的假设例子。用于反水雷工作的平台 - 日等于每个 MCM 平台(船舶、直升机、无人水下和地面车辆等)用于捕获、扫掠或以其他方式处置威胁水雷的天数总和。需要指出的是,在 MCM 工作几个平台 - 日之后,船舶在密集雷区过境的风险几乎没有变化。虽然图表轴上的绝对比例和三条曲线之间的相对分离取决于具体场景,但图中所示的趋势适用于任何雷场。

MCM 的投入曲线显示的几个重要特征,可用于规划强大防御策略的扫雷操作。首先,冲突的时间限制与 MCM 资源的可用性相结合,将最佳清除工作限制在某个固定值,如图 3.6 中的垂直线所示,战斗舰艇的风险将根据所遇到雷场的密度相应变化。首要,也是最好的 MCM 战略是不给敌军部署武器的机会,或防止雷区水雷从稀疏变得密集。

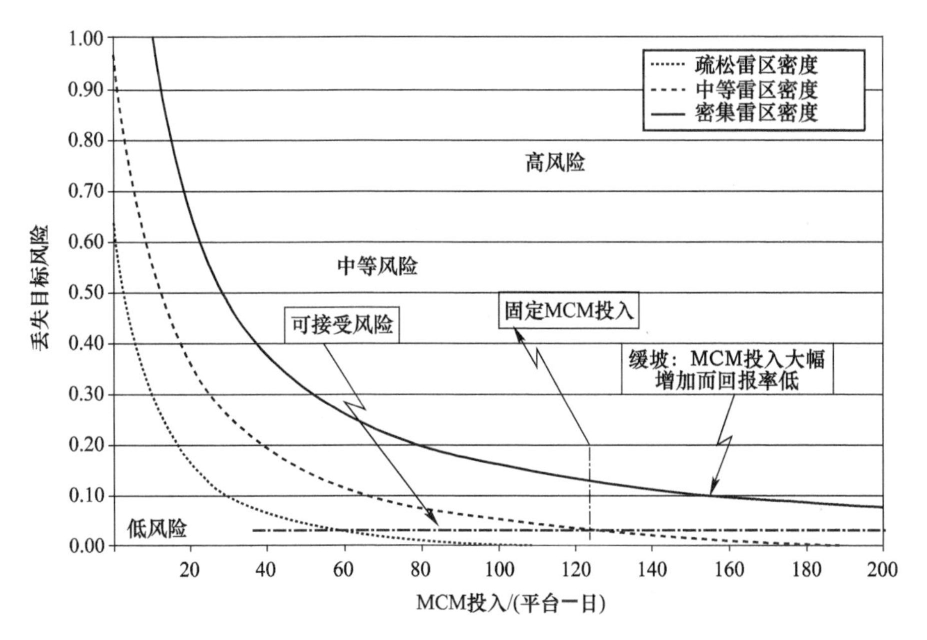

图 3.6　水雷对抗措施与失去后续船舶风险之间关系

不论是船舶被水雷击沉或给船员造成伤亡都是不可接受的。即使仅有一艘舰艇被击沉或被迫中止任务也可能延长冲突时间,并延长准备下一场战斗所需的时间。由于现代海军中的高性能舰船数量较少，今天尤其如此，因此穿过雷区的舰船需要低或极低的风险等级。图 3.6 中水平线与投入曲线渐近部分的交叉点表明，实现低风险条件可能需要大量甚至无法满足的 MCM 资源和时间，具体则取决于雷区的密度。从现场移除最后一个或两个水雷的资源密集过程会使 MCM 效率曲线的回报变小（在较高的 MCM 投入水平下变平），这也是所有扫雷方案的共同特点；然而只需错过一枚价值 1 万美元的水雷，就有可能击沉一艘价值 2 亿美元的船只。

降低船舶的水下磁性特征可以显著提高猎雷和扫雷系统的效率。船舶水下特征减小（也称为水下隐身）是通过消除特征源和主动对消特征实现的。最小化海军舰艇的水下特征使得水雷实现四个目标（降低噪声、对目标进行分类、拒绝虚假目标以及对目标定位并引爆）变得更加困难，甚至实际上可能变得无效。

类似于隐身飞机在防空系统中飞行，减少水下特征可以将水雷的触发半径缩短到不再是威胁的程度。因此，不需要立即清除比感应水雷攻击范围更深水域中的水雷，而留有沿着运输航道和机动区域边缘的缓冲区。此外，采用水下隐身技术的船舶，在扫雷结束后会降低触发任何可能留在较浅水域残余水雷的概率。

减小所部署感应水雷的攻击半径类似于降低雷场密度。例如，如果在一个区域内部署了 100 个水雷，但是由于舰船的特征较低，只有 25 个水雷能够探测到过境目标，那么该地区的有效密度减小 75% 。如图 3.7 中的防雷抛物线曲线所示，水下特征减小可以降低雷场水雷的有效密度，通过显著降低实现低风险条件所需的时间，来提高 MCM 操作的效率。最终，在没有装备隐身技术的海军和商业船舶通过该区域之前，必须从雷场清除所有水雷，但这可以在有时间限制的受命进入或打击阶段结束之后进行。

水下隐身提高 MCM 效率的第二种途径是提高了扫雷效率。如前所述，理想设置水雷的点火阈值，可以使其爆炸导致很高的杀伤概率。如果船舶特征减少而水雷触发阈值不降低，则它们的攻击范围将变小，再次降低雷区的有效密度。取决于具体情况，采用过于鲁棒的

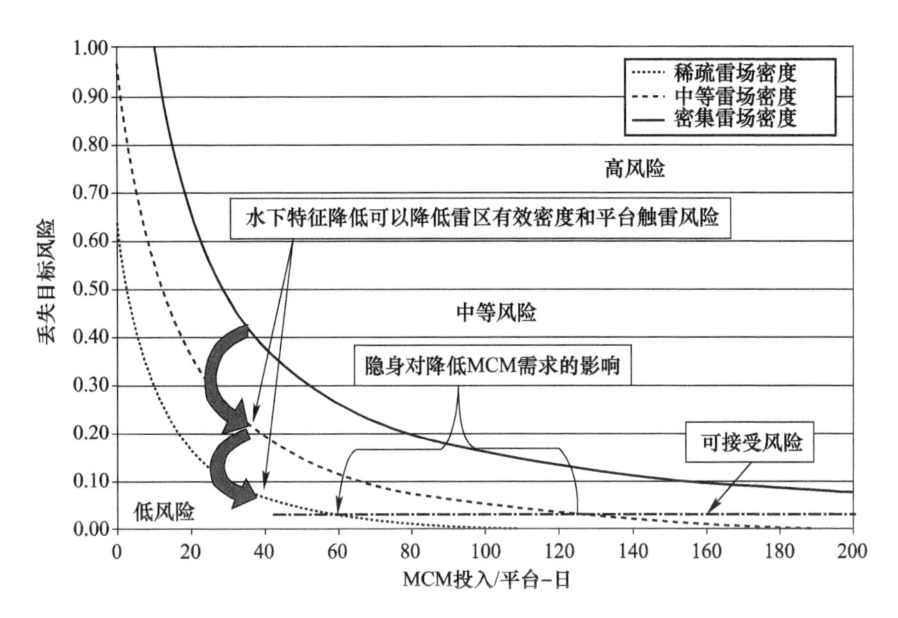

图 3.7　磁特征减少对水雷对抗措施和后续船舶风险影响

灵敏度设置可能会导致雷区发生灾难性故障,使所有船舶都能够安全通过。但是,如果降低水雷的触发阈值,从而对杀伤半径重新优化,那么更灵敏的设置将会使其更容易被扫雷触发。

目前有几种类型的扫雷系统。“开尾”或电极扫描是水面舰艇拖动的单根电缆或直升机拖曳的雪橇。拖船或雪橇配备有高功率发电机,该发电机通过电缆输出数百至数千安的电流,电流从一个接地到海水中的电极流出,然后通过第二个电极返回,第二电极与第一电极相距 100m 或更远。对于“闭环”扫雷,高电流通过一个大的连续电缆环,该电缆被称为“水獭”的水下 Para 叶片抑制并加宽。第三种磁扫雷系统是使用浅吃水舰艇后面拖曳的一串永磁体。虽然每个扫雷系统都有其优、缺点,但是它们的目的均相同,即欺骗水雷使其针对扫雷系统而不是随后的船只爆炸。

扫雷效果与船舶特征减少之间存在直接关系。例如,假设船舶航道底部部署有水雷,则水雷的触发灵敏度可以设置 3000nT、2000nT、1000nT、500nT 和 250nT 中的任何一个。如果雷场的目标是击沉或封锁所有商业集装箱船的运输,该船垂直特征与第 2 章所讨论的类似,则最佳水雷触发阈值应设置为3000nT(设置1号)。假设水雷爆炸装药对集装箱船的损坏范围等于船舶峰值垂直场达到3000nT的距离,则水雷的触发阈值设置和任务中止损坏范围是匹配和优化的。

在该示例中,如果船舶的磁特征已被降低,则必须采用一个更灵敏的触发设置。在水雷的爆炸损伤半径范围内将集装箱船的垂直特征从3000nT减少到2000nT将迫使水雷使用设置2号而不是1号。如果由于某种原因没有更改设置,那么该船的2000nT特征由于不会超过该水雷的3000nT触发级别,则整个雷场存在发生灾难性故障的风险。这个结论同样可以扩展到降低船舶特征和水雷触发水平至1000nT、500nT和250nT的情形,如图3.8所示。

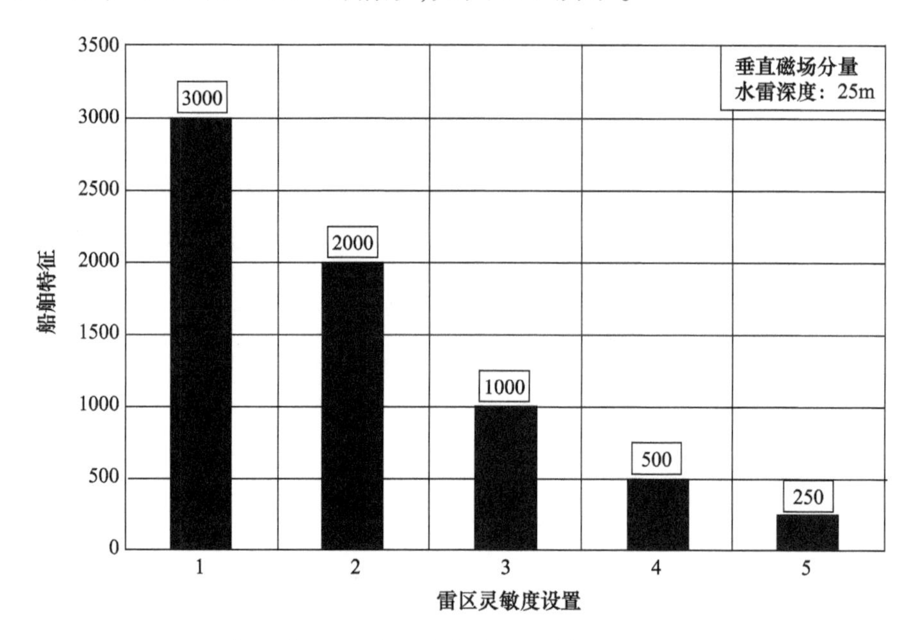

图3.8　船舶特征级别与最佳水雷灵敏度设置之间的关系

随水雷灵敏度设置的增加,扫雷系统通过欺骗使其触发引爆的距离也在增加。同样是上面的例子,如果使用3000A的电流驱动120m长的开尾扫雷,那么图3.9中的扫掠宽度(扫掠的左舷和右舷距离的总和)是作为水雷设置的函数获得的。结合图3.8和图3.9中的数据将得到船舶特征减少与扫雷效果之间的直接关系,如图3.10所示。

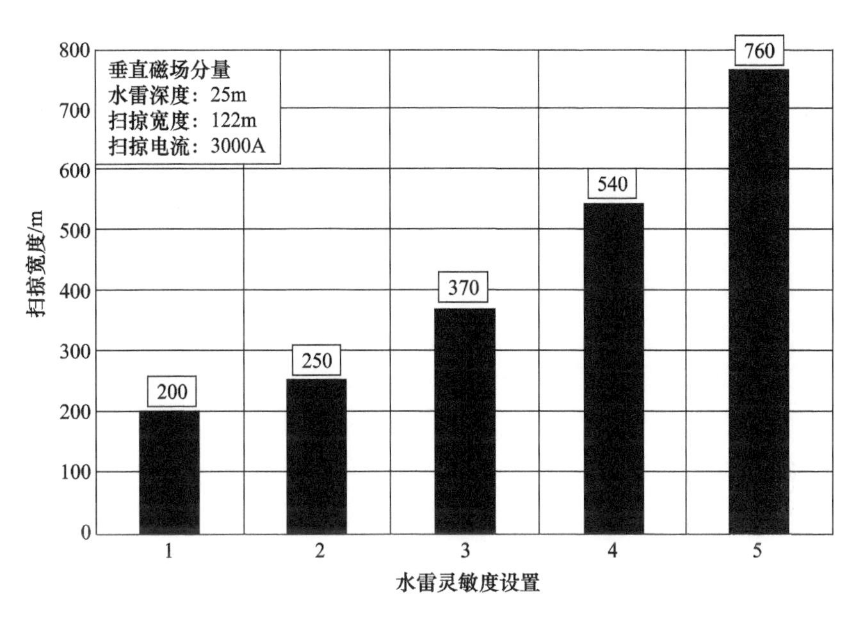

图 3.9　扫掠宽度与水雷灵感度设置之间的关系

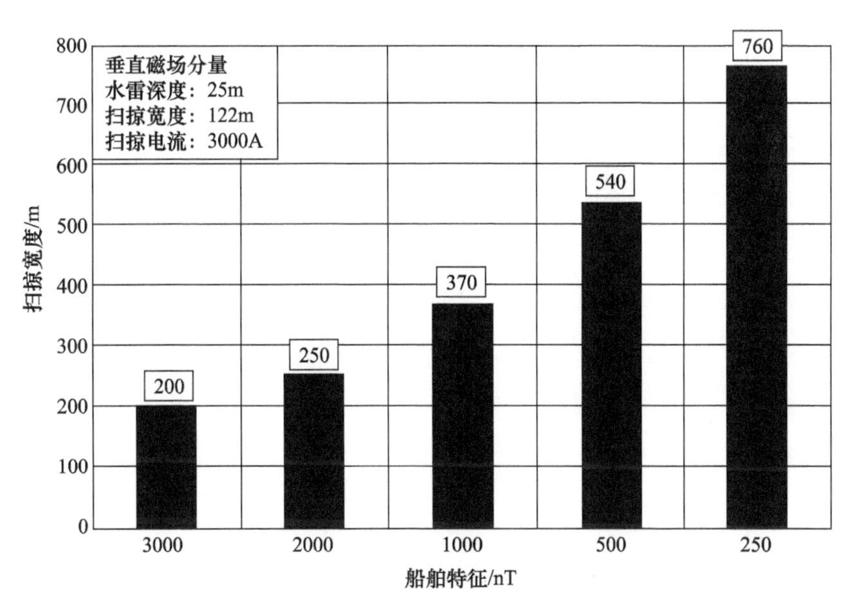

图 3.10　船舶特征级别与扫描宽度之间的关系

如图 3.10 所示的特征水平和扫雷效果之间的关系是针对水雷的最佳灵敏度设置计算得到的。如果水雷的触发阈值设置的不太灵敏，则它将错过目标。反之,如果设置得非常灵敏,那么对于给定的特征水平,图 3.10 中的扫描宽度会变得更大。因此,减小磁特征可以降低深水中清除沉底雷的需求,并提高浅层水域的扫雷效果。在任何一种情况下,对于固定的 MCM 工作量,过境雷区的船舶所承受的风险均会降低,或者会缩短将雷场清理到可接受风险等级所需的时间。通过减少特征提升扫雷系统的有效性,可再次等效表示为图 3.7 中雷场有效密度的降低。

有人建议增加船只水下特征的幅值,从而可以在船舶处于感应水雷的有效杀伤范围之外就将其引爆;然而,现代多重感应武器中的触发逻辑阻止了这种情况的发生。相反,通过增加之前对隐身战舰无效的水雷的作战范围和威胁,故意的特征放大会提高雷场的有效密度,同时对后续交通提供很少的保护(图 3.11)。使用价值 20 亿美元的载人战舰扫雷,而不是使用直升机拖曳雪橇或无人驾驶水面船扫雷,不是一个好的应对策略。

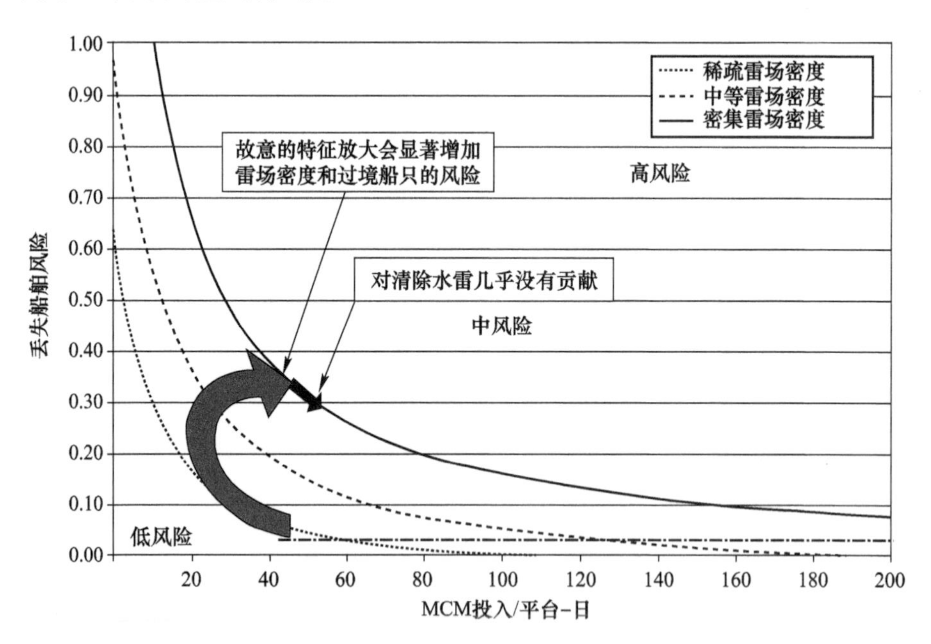

图 3.11　为什么故意将特征放大对于清除雷区而言是一个糟糕的主意

潜艇是典型的隐身海军舰艇,不能使用水面舰可用的所有扫雷工具。为了不被发现,在过境雷区之前派前驱扫雷通常不是潜艇的选择。即使可以使用无人水下扫雷系统,但它们的使用和随后的水雷引爆也会立即泄露潜艇的大致位置,或显示其预定的航行路线。潜艇必须完全依靠猎雷系统,避开它们,以及转变极性(非引爆)。

从扫雷工具箱中移除扫雷会提高雷场的有效密度。由于所讨论的原因,在猎雷操作期间可能无法检测到所有水雷。此外,除雷效率的下降会增加将船舶风险降低到可接受水平所需的猎雷工作量(平台天数)的总量。因此,与仅猎雷而不扫雷的情况相比,更多的水雷将会被遗留在现场(更高的有效密度,图3.12)。因此,如果不使用扫雷,则潜艇或水面舰需要使用水下隐身技术降低更多的水下特征。

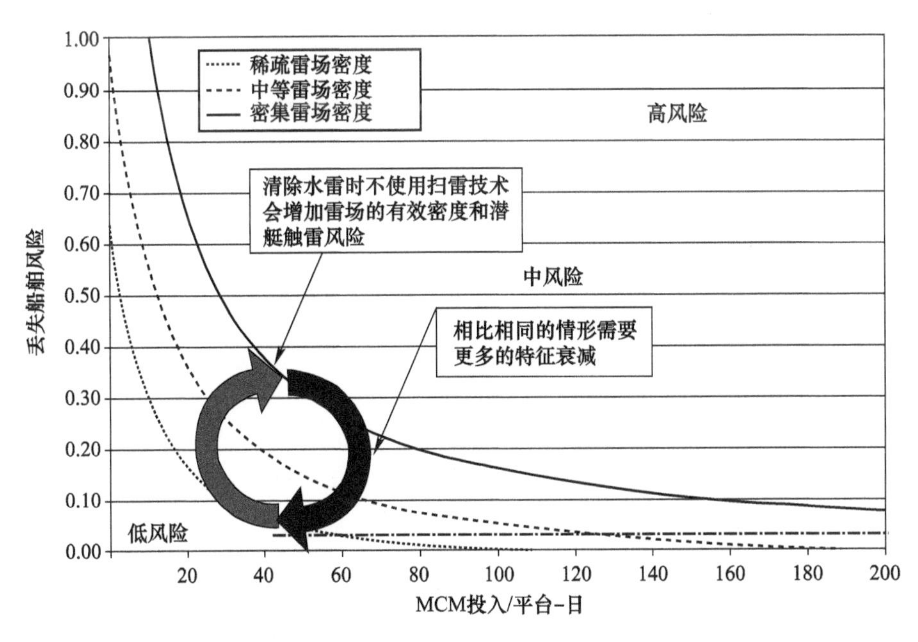

图3.12　不使用扫雷的影响

隐身技术的应用使得水下感应场的信噪比降低,水雷的信号处理和触发逻辑也必须改变以防止效率下降。为此,现代水雷设计具有更复杂的逻辑和决策树,并将其纳入到触发解决方案中。然而,水雷触发逻辑中的每个决策点都容易受到另一种被称为防雷干扰的新兴水雷对抗技术的影响。

防雷的目的是欺骗水雷的决策逻辑，防止其在有效目标船只驶过时做出正确的点火决定。干扰信号可以由舰载或艇外场源产生。设置干扰信号的时间和空间特性，可能使一个或多个水雷的决策点将信号作为噪声或接收来自诱饵或扫雷机的特征信号。因此，随着海军舰艇水下特征的减少，技术不成熟的水雷更容易被清除或变得无效；而现代，敏感和防扫水雷则更容易被欺骗。

参考文献

[1] S. Underwood, "The first mine: Bushnell's keg." Mobile Mine Assembly Group, Corpus Christi, TX June 2005, [Online]. Available: http://www.cmwc.navy.mil/COMOMAG/Mine%20History/Bushnell%20Keg.aspx.

[2] R. Hoole, "The development of naval mine warfare." The Mine Warfare & Clearance Diving Officers Association, Fareham, United Kingdom 2002. [Online]. Available: http://www.mcdoa.org.uk/MCD History Frames.htm.

[3] G. K. Hartmann and S. C. Truver, *Weapons That Wait*, 2nd ed, Annapolis, MD: Naval Institute Press, 1991, pp. 42 – 55.

[4] P. R. Yarnall, NavSource online: Amphibious photo archive. NavSource Naval History. Baytown, TX Sept. 2005, [Online]. Available: http://www.navsource.org/archives/.

[5] R. Hoole, "HMS VERNON – Before the excavators came." The MineWarfare & Clearance Diving Officers Association, Fareham, United Kingdom 2002. [Online]. Available: http://www.mcdoa.org.uk/HMS Vernon Master Page Frames.htm.

[6] T. DiGiulian, "United States of America mines. Welcome to NavWeaps," May 2005, [Online]. Available: http://www.navweaps.com/Weapons/WAMUS Mines.htm.

[7] G. K. Hartmann and S. C. Truver, *Weapons That Wait*, 2nd ed, Annapolis, MD: Naval Institute Press, 1991, pp. 63 – 64.

[8] W. B. Anspacher, B. H. Gay, D. E. Marlowe, P. B. Morgan, and S. H. Raff, *The Legacy of the White Oak Laboratory*, Dahlgren, VA: Naval SurfaceWarfare Center, 2000, pp. 1 – 23.

[9] P. Ripka, *Magnetic Sensors and Magnetometers*, Boston, MA: Artech House, 2001, p. 75.

[10] D. I. Gordon and R. E. Brown, "Recent advances in fluxgate magnetometry," *IEEE Trans. Mag.*, vol. 8, no. 1, Mar. 1972.

[11] P. Ripka, *Magnetic Sensors and Magnetometers*, Boston, MA: Artech House, 2001, p. 79 – 120.

[12] G. K. Hartmann and S. C. Truver, *Weapons That Wait*, 2nd ed, Annapolis, MD: Naval Institute Press, 1991, pp. 91 – 93.

[13] G. K. Hartmann and S. C. Truver, *Weapons That Wait*, 2nd ed, Annapolis, MD: Naval Institute Press, 1991, pp. 98 - 101.

[14] S. Connolly and S. Farrow, Mark - 48 torpedo war - shot. Naval Sea Systems Command, Washington, DC Sept. 2005, [Online]. Available: http://www.dcfp.navy.mil/mc/presentations/Mark - 48.htm.

[15] G. K. Hartmann and S. C. Truver, *Weapons That Wait*, 2nd ed, Annapolis, MD: Naval Institute Press, 1991, pp. 101 - 102.

4 潜艇监视系统对磁特征的开发与利用

4.1 潜艇磁探测系统的演化

主动和被动声纳探测潜艇技术的发展始于第一次世界大战，并在当时其设计组织－反潜探测调查委员会成立之后被命名为 ASDIC。声纳技术在第二次世界大战期间得到了广泛应用，并在随后的冷战期间获得加速发展。海底声场的球形扩展以及深水中存在的声速梯度通道，使得超过数百英里的距离处探测它们的特征。然而，浅水域存在过多的噪声和混响，并且在有限水域内声波有效传播距离比在开阔的海洋中变得更短。

在第二次世界大战期间，用于反潜的声场和磁场传感系统被部署在港口的入口处、大型海湾以及其他一些具有军事意义的浅水区域。在岸上对这些探测阵列进行持续监测，由操作员手动分析条形图记录，并将水下系统的输出与地面雷达或水面舰艇的视觉观察相关联。当水下输出显示存在与水面舰艇无关的信号时，军用船只会被派去拦截入侵者。在某些情况下，一条由水下电缆从岸边控制的预先部署水雷会被触发并在感知区域附近爆炸。

第二次世界大战期间的水下磁屏障由一个或多个水平部署在海床上的大型感应环组成，也称为指示环或港口环。环路通常长达数千米，宽度不到 0.5km，磁化的潜艇在环路上方航行时，环路中会感应出与磁场变化率成比例的电压。信号通过与磁通计集成的电缆被传输到岸边，放大并记录在带状图上；在某些情况下，信号还会通过扬声器进行播放。

在第二次世界大战期间，世界各地的50多个盟军港口和河口受到磁感应环的保护，著名的是为保护澳大利亚悉尼港而安装的六个环路。1942年5月31日晚，日本使用小型潜艇对停泊在悉尼港内的船只进行攻击，虽然港口环路成功检测到潜艇，并将有些潜艇在其完成任务之前摧毁，但是对输出信号的缓慢响应以及一个无法使用的环路导致几艘盟军舰艇被击沉[1]。更详细关于第二次世界大战中感应环的描述参见文献[2]。

目前，磁感应环路屏障可以应用于国土安全、部队和港口保护、禁毒和海岸线监测。此外，小型低功率且便宜的便携式磁场传感器阵列可以部署在海底或一次性浮标上，以监测大面积海洋防止声学安静型敌方潜艇的入侵。敏感的磁场传感器可以安装在有人和无人的移动式水下和水面监控平台上，可以追踪缓慢移动或潜伏在海底的柴油潜艇。最终，装备有磁异常检测（MAD）系统具有快速移动能力的空中平台具有针对安静型潜艇的最高搜索速率。

在第二次世界大战期间，也开始使用配备有MAD传感器的海上巡逻机对潜艇进行磁力探测。1942年6月，Project Sail在海军军械实验室的指导下开始研发和测试采用磁通门磁力计作为机载传感器的MAD系统。这些系统安装在VP－63 Catalina飞机上。1944年2月24日，在直布罗陀海峡，VP－63成为第一架使用磁力计探测潜艇的飞机，并导致U－761的沉没。MAD飞机巡逻队如此成功地阻止德国潜艇在直布罗陀海峡之间的航行，使皇家海军上将安德鲁·坎宁安爵士认为，VP－63中队将地中海变成了“盟军湖”[3]。

在随后的冷战时期，被动和主动声学潜艇探测技术的进步降低了MAD的使用范围，使其成为仅在水下输出的顶部释放武器的定位系统。现在海军感兴趣的区域已经从深水转移到声学上更具挑战性的浅水，潜艇的磁异常探测作为一种行之有效的技术而重新焕发光彩。虽然载人海上巡逻机和直升机仍然是装备MAD的主要武器平台，但是装备 MAD 的无人自主飞行器(UAV)和水下无人潜航器(UUV)也在飞速发展。

大量装备 MAD 的无人载具被称为群体,以相对较低的成本具有显著的战术优势。以合作行为模式运行的 30 ~ 40 个 MAD UAV 平台可能巡视最大面积为 2500cm^2 的海洋,很有可能检测到区域内的任何潜艇,并且虚警概率很低。这些载具中的任意一个都可以运行数小时,并且价格足够便宜而不必被回收,耗尽燃料时即可放弃。为了实现这些系统,需要小而轻、便宜、低功率和灵敏的磁力计。

本章将简要介绍可行的磁监视技术,以及固定阵列和移动式潜艇探测屏障的示例应用。将地磁和海洋表面波磁噪声的简化模型与预期的目标信号强度进行比较,以便对磁噪声源的相对重要性进行排序。此外,还将简要介绍磁降噪技术。

4.2 磁感应环

第一个磁潜艇探测系统是磁感应环或港口环。虽然有许多配置方案可用于感应回路屏障,图 4.1 是在第二次世界大战期间部署的典型设计方案。这种几何形状实际上是两个并排布置的环路,将它们的输出电压相减以便最小化背景噪声。放置在电路中的电阻器用于平衡桥接布置的臂构成的两个环(有些设计会在桥式电路的两个臂中各使用一个电阻器,以便于操作)。由于平衡回路的输出电压与磁场的变化率成正比,因此需要在信号记录之前积分。当连接环路的磁通量具有低变化率(典型的慢速移动目标)时,积分器保持系统的灵敏度。

鉴于港口环路在国土安全和港口防御监测系统设计方面的重要性,需要对其运行原理进行更深入的分析。图 4.1 中差分回路输出端的电压将根据穿过环路的直线航行的磁化潜艇计算得出。以速度 $\boldsymbol{v}$ 移动的源在单个环路中产生的感应电压 e 可以表示为[4]

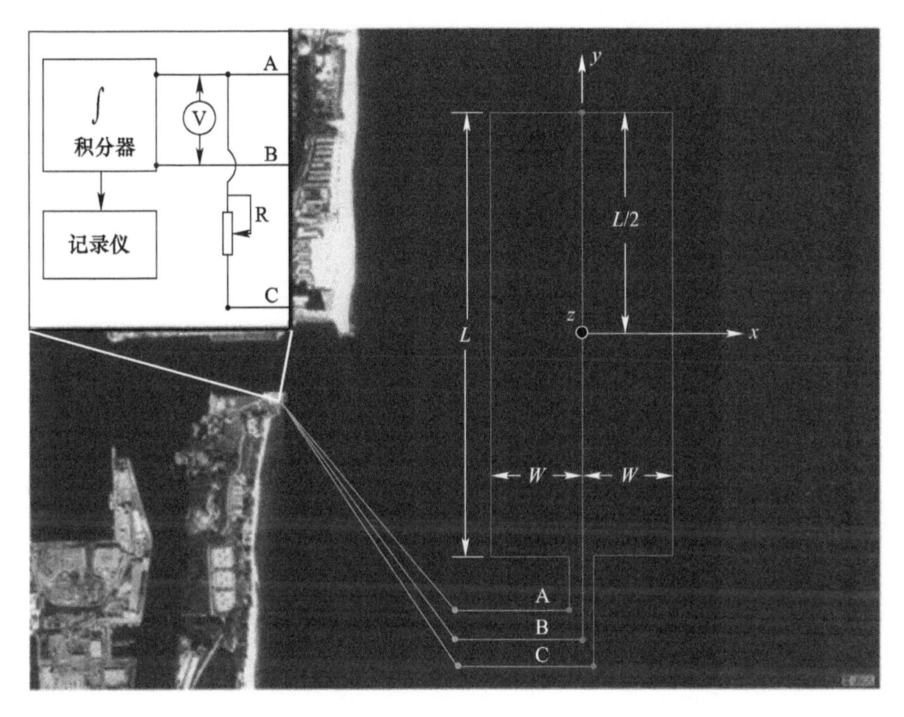

图 4.1　佛罗里达州埃弗格莱兹港港口入口设计的环路监测系统

$$e = \oint (\boldsymbol{v} \times \boldsymbol{B}) \mathrm{d}\boldsymbol{l} \tag{4.1}$$

式中:$\boldsymbol{B}$ 为由潜艇产生的磁特征;$\mathrm{d}\boldsymbol{l}$ 为回路包络的微分长度。

将源表示为三轴长椭球状偶极子,其长轴为 x 方向上的力矩(M_x, M_y, M_z),磁通量密度为

$$B_x = \frac{3\mu_0}{4\pi c^3}\left\{M_x\left[-0.5\ln\left(\frac{r+1}{r-1}\right) + \frac{c^2 r}{R_1 R_2}\right] + M_y\left[\frac{cy\xi}{R_1 R_2(r^2-1)}\right] + M_z\left[\frac{cz\xi}{R_1 R_2(r^2-1)}\right]\right\} \tag{4.2}$$

$$B_y = \frac{3\mu_0}{4\pi c^3}\left\{M_x\left[\frac{cy\xi}{R_1 R_2(r^2-1)}\right] + M_y\left[0.25\ln\left(\frac{r+1}{r-1}\right) - \frac{r}{2(r^2-1)} + \frac{y^2 r}{R_1 R_2 (r^2-1)^2}\right] + M_z\left[\frac{yzr}{R_1 R_2 (r^2-1)^2}\right]\right\} \tag{4.3}$$

$$B_z = \frac{3\mu_0}{4\pi c^3}\left\{M_x\left[\frac{cz\xi}{R_1R_2(r^2-1)}\right] + M_y\left[\frac{yzr}{R_1R_2\ (r^2-1)^2}\right] + \right.$$

$$\left. M_z\left[0.25\ln\left(\frac{r+1}{r-1}\right) - \frac{r}{2(r^2-1)} + \frac{z^2 r}{R_1R_2\ (r^2-1)^2}\right]\right\} \qquad (4.4)$$

式中：

$$r = \frac{R_2 + R_1}{2c}$$

$$\xi = \frac{R_2 - R_1}{2c}$$

$$R_1 = [(x+c)^2 + y^2 + z^2]^{1/2}$$

$$R_2 = [(x-c)^2 + y^2 + z^2]^{1/2}$$

$$c = [a^2 - b^2]^{1/2}$$

其中：a 为长轴的一半；b 为短轴的一半。

按复杂程度，潜艇产生的磁通密度的数学模型涵盖从简单的球形偶极子到偶极子阵列，再到详细的有限元数值模型。以目标磁场特征的长椭球偶极子表示，足以说明感应环屏障背后的物理原理。

在该示例中，假设目标在环路上方的恒定高度沿 x 轴以恒定速度航行。该潜艇的长度为 90m（$2a$），宽为 7.5m（$2b$），垂向磁矩（M_z）为 150000A · m^2，与文献[5]中给出的探测示例相同。目标以 2kn（1m/s）的速度（v）在环路上方 100m 和 200m 的高度（z）缓慢航行。环长（L）为 5km，半宽（W）为 200m。将方程式（4.2）代入方程式（4.1）并对图 4.1 中的差分环路配置进行数值积分，得到如图 4.2 所示的输出电压信号（V）。如图 4.2 所示，当目标穿过中心导体时信号达到峰值。由于输出电压与目标速度成正比，因此可以直接对 2kn 的结果线性转换计算得到其他速度下的信号强度。

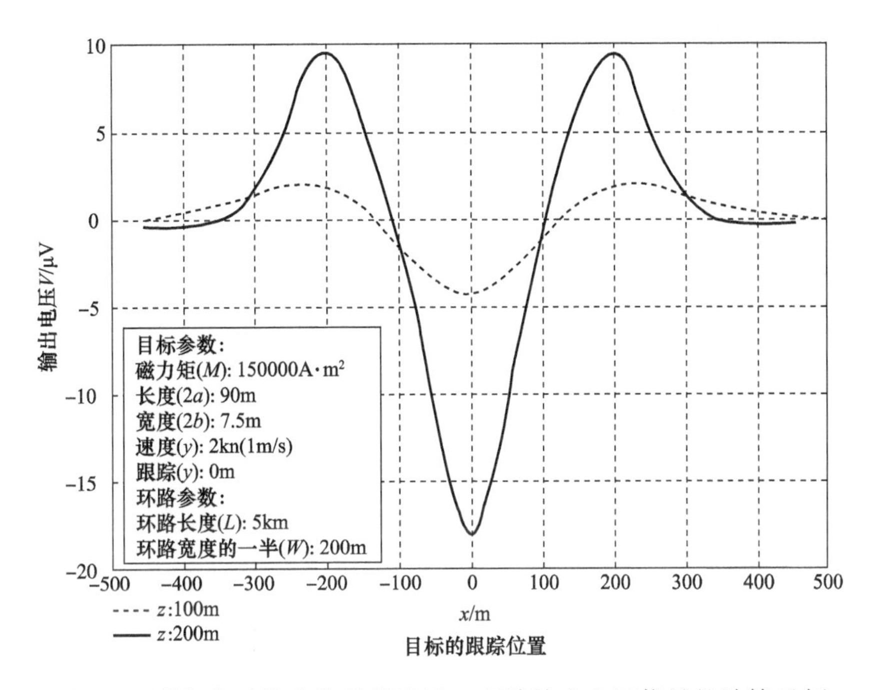

图 4.2　潜艇穿过埃弗格莱兹港港口环路输出电压信号的计算示例

任何检测系统的性能最终都受到传感器自噪声水平的限制。对于港口环路,自噪声的两个主要来源是地球磁场中环路的运动及导体的热噪声。通过对电缆进行广泛锚固或通过电信行业中常用的水下犁将其埋入海底可以消除运动噪声[6],后者还将保护电缆免受渔网和船锚的损坏。

港湾环路的热噪声称为约翰逊噪声,是由电缆内部电子的随机运动产生的。环路输出端的均方根(RMS)热噪声电压由下式给出:

$$v_t = \sqrt{4kTR\Delta f} \tag{4.5}$$

式中:k 为玻耳兹曼常数,$k = 1.3806503 \times 10^{-23}$ J/K;T 为热力学环路的温度(K);R 为环路的等效电阻(Ω),Δf 为频带(Hz)。

如图 4.1 所示环路的等效电阻是在陆上终端测得的,可以使用下式计算:

$$R = r\left(\frac{3}{2}(L + l) + W\right) \tag{4.6}$$

式中：r 为每单位长度的电缆电阻（Ω/m）；l 为从环路连接点至岸边的三根导线的长度（cm）。

如果在港口环路示例中使用 AWG 10 规格的电缆，则 $r = 3.3\Omega/\text{m}$，l 取 6km，$T = 300\text{K}$，$\Delta f = 0.03\text{Hz}$，则可以计算得到港口环路的等效热噪声电压为 $1.6 \times 10^{-4}\mu\text{V}$。热噪声电压正好处于信号电压以下，而不会成为探测目标的限制因素。

大多数潜艇探测系统中的限制因素通常不是传感器噪声。由自然海洋环境或人造源产生的外部噪声才是主要限制因素。对于自然噪声，地磁和海洋表面波运动是这里考虑用于潜艇检测的电磁频带磁噪声的主要来源。

0.0001 ~ 2Hz 频带内的地磁噪声源自电离层中的电流，这些电流是通过衰减太阳风粒子与地球磁场相互作用发射的磁流体动力波产生的。磁层的电流在海洋表面的磁场和电场中产生微脉冲。地磁噪声随时间、季节、纬度，以及太阳活动的变化而变化。可在世界各地的磁性观测站监测地磁场，可以从美国地质调查局获得每日记录[7]。

在该示例中使用地磁背景噪声的平均值进行潜艇检测系统的底部噪声的初始估计。平均地磁噪声的功率谱密度为[4]

$$G(f) = \frac{f_u f_l}{f^2} \frac{n_g^2}{\Delta f} \tag{4.7}$$

式中：n_g 为地磁波动的均方根（在此取值为 0.3nT）；f_u、f_l 分别是通带的上限频率和下限频率。

由于感应回路测量的是此区域内磁场的时间变化率，因此，方程式（4.7）必须乘以 $(2\pi f)^2$ 才能得到系统的等效噪声功率谱密度，即

$$g(f) = (2\pi)^2 f_u f_l \frac{n_g^2}{\Delta f} \tag{4.8}$$

假设在环路区域 A 内的地磁噪声是均匀的，则通过环路测量得到的地磁噪声均方根为

$$v_g = 2\pi n_g A \ (f_u f_l)^{1/2} \tag{4.9}$$

式中：$A = LW$。

对于下限频率0.001Hz和上限频率0.03Hz的通带，环路输出端的均方根地磁噪声电压会超过10μV。

对于该示例中的频带，即使200m的水深远小于海水中的肤层深度，也不会明显减弱地磁噪声。因此，对于港口环路屏障的可靠运行，需要消除噪声，就像第二次世界大战期间的情况一样。显然，地磁噪声及其方差是任何潜艇磁探系统设计阶段需要考虑的主要因素。

理想情况下，减去两个回路的输出所得到的地磁噪声电压将为零。然而，环路面积和相对电流方向的差异，以及近旁靠海底导体的异常，可能改变由两个环路检测的地磁噪声的幅值和相位，从而使消除不完全。实际上，可以使用如图4.1所示的平衡电阻对环路的差异进行调整，但无法获得零噪声电平。将环路的输出通过积分器传递，可以将信噪比提高至少5倍，而现代信号处理技术可以实现更大的改进。

港口环路所能检测到的第二个主要磁噪声源是海洋表面波产生的磁场。当风驱动海浪并使其在地球磁场中移动时，在导电海水中会感应出小的电流。这些电流又产生垂直于表面波的垂直和水平磁场分量。然而，可以证明波浪感应磁场随着离海面上方或下方距离的变化呈指数下降。

一旦计算得到海洋表面波的磁场，就可以使用简单的方式确定环路输出端的噪声电压。表面波沿 x 轴方向传播时单个环的均方根噪声电压（图4.1）[4]为

$$v_w = u b_w L_w \left(1 - \cos(mW)\right)^{1/2} \tag{4.10}$$

式中：L_w 为波峰的长度（假设其为 7λ，但不大于 L）；b_w 为由海洋表面波产生的垂直磁场的均方根；u 为表面波的波速；m 为传播常数。并且

$$u = \left(\frac{g\lambda}{2\pi}\right)^{1/2}$$

$$m = \frac{2\pi}{\lambda}$$

$$\lambda = \frac{2\pi g}{\omega^2}$$

$$\omega = 2\pi f$$

其中:g 为重力加速度(9.8m/s);λ 为表面波波长;f 为表面波频率。从方程式(4.10)可以发现,当 W 等于半波长的奇数倍时产生最大的波噪声,而最小波噪声则发生在全波长的整数倍处。

当前,由海洋表面波和涌浪产生的磁场模型已成为研究的热点。文献[8]已经推导出在正弦海洋表面波之下和之上产生的水平磁场 B_x 和垂直磁场 B_z 的一般方程,并在国际单位制中重新表述为

$$B_x = \frac{-A'}{4\pi}\left(\frac{2\left(1+\mathrm{i}\beta\right)^{1/2}\mathrm{e}^{-md(1+\mathrm{i}\beta)^{1/2}}}{1+(1+\mathrm{i}\beta)^{1/2}} - \mathrm{e}^{-md}\right) \tag{4.11}$$

$$B_z = \frac{\mathrm{i}A'}{4\pi}\left(\frac{2\mathrm{e}^{-md(1+\mathrm{i}\beta)^{1/2}}}{1+(1+\mathrm{i}\beta)^{1/2}} - \mathrm{e}^{-md}\right) \tag{4.12}$$

式(4.11)和式(4.12)用于水面以下深度为 d 的场。

在水面以上高度为 h 的场,有

$$B_x = \frac{\mathrm{i}A'}{4\pi\beta}(1-(1+\mathrm{i}\beta)^{1/2})^2\mathrm{e}^{-mh} \tag{4.13}$$

$$B_z = \frac{-A'}{4\pi\beta}(1-(1+\mathrm{i}\beta)^{1/2})^2\mathrm{e}^{-mh} \tag{4.14}$$

式中

$$A' = amF(S+\mathrm{i}C)$$

$$\beta = \frac{\gamma}{m^2}$$

$$\gamma = 4\pi\omega\mu_0\sigma$$

$$S = \sin I$$

$$C = \cos I\cos\theta$$

其中:a 为海洋表面被的振幅(波峰峰值的一半);F 为地磁场的幅值

(T)；I 为地磁场与水平方向所成的角度（入射角）(°)；θ 为磁北朝向表面波传播方向的向东倾角(°)；σ 为海水导电率(S/m)，μ_0 为自由空间的磁导率 $\mu_0 \approx 4\pi \times 10^{-7}$H/m。

使用方程式(4.12)计算港口环路所在深处表面波产生的垂直磁场的均方根幅值，$b_w = 0.707B_z$。

使用方程式(4.10)和式(4.12)计算港口环路输出的表面波噪声电压。继续使用前面的例子，分别令 $\theta = 270°$，$I = 61°$，$F = 51000$nT，$\sigma = 4$S/m，海况级别为6，即波高为20英尺($a = 3$)，波的周期为10s，在100m的深度产生均方根幅值为0.3nT的垂直磁场。将此值代入方程式(4.10)，可以计算得到回路的表面波噪声电压为3.8μV。如果港口环路安装在深度为200m的深水中，则表面波噪声电压降为0.13μV。

显然，为了优化港口环路设计，潜艇探测系统需要密切关注许多变量。一些系统参数会受到海洋测深和现场安装环境条件以及被保护对象受到的威胁方向的限制。还必须选择设计的其他方面，对预期的目标和噪声水平的源强度，将信噪比最大化。除了垂直于环路的方向之外，还要检查目标轨迹和表面波传播方向的信噪比。虽然这里所给出的分析仅考虑减去两个并排环路的情形，但是其他配置方案和先进的信号处理技术可以显著提高系统的检测性能。

使用港口环路检测系统具有优于其他屏障概念的几个优点：一是该系统非常可靠，因为系统本身不存在水下电子设备发生故障并且需要在海上维修以使部件重新正常工作的概率。二是鉴于电缆通常埋在海底，渔船和游船对港口环路的损坏风险大大降低。因为该检测系统监测边界连续，从而在其覆盖范围内不存在任何漏洞。为了成功执行任务，目标船只通常被迫直接在环路上方航行，从而提高了被探测到的概率。

港口环路潜艇屏障也存在缺点：一是安装成本很高，因为电缆必须埋在海床中或牢固固定在海底；二是该系统需要自动关联环路和地面监测之间的联系，以减少错误的联系报告；三是系统对环路以外的目标灵敏度较低。港口环路系统是监控港口和受保护港口或水道的理想选择,可以将其永久安装在水面交通受到持续监控的地方。

4.3 使用三轴磁场传感器的海底屏障

在安装于水底或浮动阵列的设计中,可以考虑几种类型的三轴磁场传感器。这些仪器通过各种物理手段感应磁场,从而提供各种不同的灵敏度、漂移、噪声、尺寸、重量、功率和成本,用于屏障设计时选择。选项包括使用一些具有扩展探测范围的高性能、高成本传感器,也可部署许多低成本、短程传感器以覆盖受保护水域。三轴磁力计在正交方向上感测磁场矢量,可用于减少较长检测范围的背景噪声,并且可以在三维空间定位潜艇的位置。

在潜艇监视系统中的磁通门磁力计比短程沉底雷作为 TDD 的部件需要的性能更高。虽然监测用磁通门的工作原理与水雷相同,但是在设计和制造磁芯、绕组和相关电子设备时需要更加小心。在尝试探测更远距离的潜艇时,低漂移更为重要,因为它们的特征周期要长得多。

现在可以专门制造先进的、具有非常低的本底噪声的磁通门磁力计,但成本也更高。磁通门噪声功率谱密度 $P(f)$ 近似有 $P(f)=p(1)/f(\mathrm{nT}^2/\mathrm{Hz})$,其中 $p(1)$ 是 1Hz 时的噪声功率[9]。通常,该等式在从 mHz ~ kHz 频率范围内始终成立。按特殊订单制造的 DFM24G 三轴磁通门磁力计,$p(1)$ 会低至 $9\mathrm{pT}^2/\mathrm{Hz}(\mathrm{RMS})$[10]。

可以使用三轴磁通门磁力计阵列代替前一示例中的港口回路。使用方程式(4.2) ~ 式(4.4)计算之前描述的目标潜艇的三轴磁场特征,其中对于单个传感器,在距离最近接近点(CPA)中心的 2km 轨道长度上,目标 – 传感器的深度为 200m。图 4.3 是在 CPA 周围 1000s 窗口上三个特征分量的均方根幅值随潜艇轨迹到传感器距离的变化(所有其他参数均与之前所使用的相同)。另外,图中还给出与地磁、表面波和磁通门噪声水平的比较。如图 4.3 所示,减小地磁噪声是扩展单个传感器节点检测范围的首选方案。

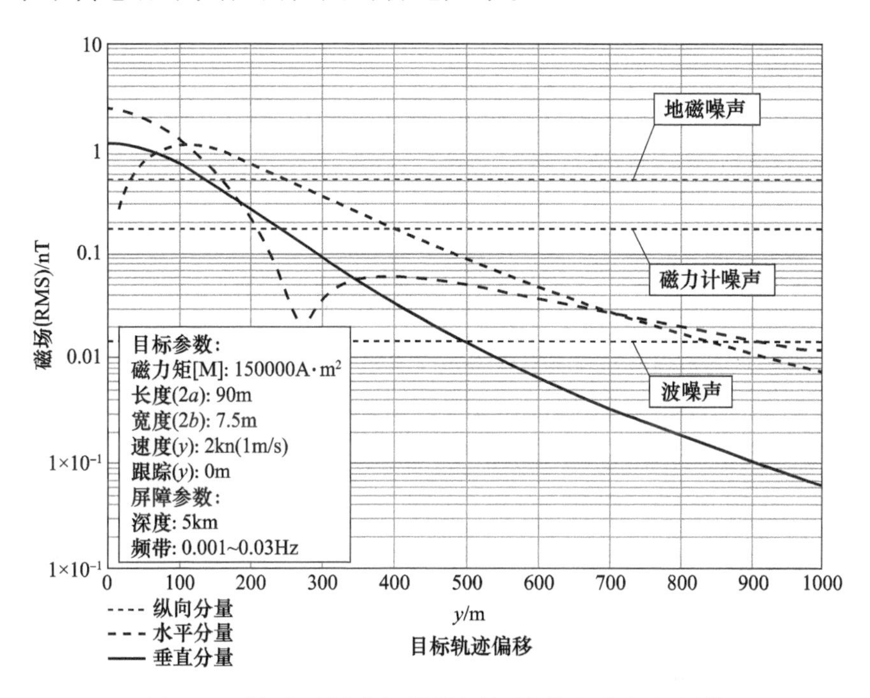

图 4.3 针对示例潜艇的检测场峰值和底部部署的三轴磁通门磁力计的预期噪声水平

使用阵列中的不同传感器自适应消除地磁噪声的效果,取决于阵列环境内噪声的相关性。显然,在地磁噪声降低之前,改进传感器性能意义不大。在浅水区域,海洋表面波噪声在某些情况下可能会超过传感器噪声。如果要使用匹配的滤波器跟踪器定位目标,则所有传感器轴都应具有良好的信噪比。最终,示例中受保护区域所需的阵列传感器数量、港口环路的大小,将取决于可以实现的降噪水平以及相邻仪器之间所需的重叠覆盖度。

除了磁通门磁力计之外,还可以在潜艇屏障的设计中考虑一些其他类型的磁矢量传感器。基于霍尔效应的磁强计已经在工业中获得广泛应用。霍尔传感器通过使电流流过半导体检测磁场,半导体会在存在磁场的情况下在垂直于电流和磁场的方向上产生电压。霍尔传感器相对于磁通门磁力计的优势是尺寸小（可以在单个芯片上集成）、低功率和低成本；然而灵敏度较低（约 30nT）和较高漂移使其不能作为远程潜艇探测器。在海底大量使用这种便宜的传感器是一种可接受检测概率下的方案。

最近，已经研制出使用巨磁阻（giant Magneto resistive，GMR）效应测量磁场的"芯片"型磁矢量传感器，其利用可以制造成标准尺寸集成电路封装的电子器件，测量带有 GMR 材料的电阻的变化。GMR 磁强计不仅具有霍尔传感器的优点，而且具有更高的灵敏度（约 1nT）。最近发现的巨磁阻效应所带来的进步，可能会产生与磁通门传感器相当灵敏度的芯片级磁强计[11]。

光纤磁强计通过对光的偏振或其传播路径的影响检测磁场。一种常见的方法是使用磁致伸缩材料包覆光纤，该磁致伸缩材料通过施加磁场会改变光路的长度。未改变的光纤部分则用作干涉仪中的参考支路，在施加场时检测感测支路中光的相移。由光纤传感器组成海底屏障，优点是可以部署大量不含有水下电子设备的矢量磁力计，从而使系统具有非常高的可移动性和可靠性。不幸的是，光纤磁力计的感知脚对温度、压力、声学特性以及海洋背景的水动力特性同样十分敏感，而这些通常又会淹没所关注的磁特征。

最灵敏的磁力计（也恰好是矢量传感器）是超导量子干涉装置（superconducting quantum interference device，SQUID）。该仪器使用约瑟夫森效应测量磁场的微小变化。有许多种不同的基于低温或高温超导材料设计的 SQUID。但是，不论什么设计方案，传感器的超导部分都必须保持在低温状态。尽管典型 SQUID 磁力计的灵敏度远低于 1pT，但是特殊的低温要求使其难以长时间部署在海底屏障中。

降低地磁背景噪声的标准方法是通过参考基站直接对消。额外的传感器放置在距离检测阵列一定距离的位置，并当作标准对消算法中的噪声参考源。噪声参考源应处于距离屏障阵列足够远的位置，以便参考源只能测量到很少的目标特征并无须去除；然而其又必须与阵列中的所有传感器足够接近，以确保具有良好的噪声相关性。如果检测阵列在空间上充分分离,则可以不需要额外的噪声参考源。

最小二乘法是消除地磁背景噪声的最直接方法。假设检测传感器的一个轴用 H_d 表示,噪声基准的三个轴分别用 N_x、N_y 和 N_z 表示,则噪声最小化函数可以表示为

$$\varepsilon(a,b,c) = (H_d - aN_x - bN_y - cN_z)^2 \tag{4.15}$$

式中:a、b 和 c 为需要确定的系数,通过使进行的减小噪声的阵列校准期间所有测量的 ε 最小化来确定(对阵列中每个传感器的每个轴重复该过程)。一旦计算得到三个系数,则保持不变,并通过不断地将 ε 的幅值与阈值进行比较而在阵列的监视模式中使用。该技术可以用在有限带宽数据的时域中,或者用在频谱中的每个频带计算获得了三个系数的频域中。尽管噪声消除的最终效果取决于传感器之间的地磁噪声相关性,但是可以比较容易地将噪声降低超过 20dB。

三轴磁性海底屏障相比于港口环路的主要优点:多轴传感器系统能够在三维空间精确跟踪目标。此外,小体积的磁通门传感器和传感器节点之间互连电缆尺寸的减小,使得该阵列相比港口环路更为便携。水底部署的磁通门阵列的缺点是其易损坏且水下电子设备容易发生故障,这可能会增加系统停机时间和维修成本。

4.4 使用全场磁力计的潜艇屏障

对于固定底部阵列,假设三轴矢量磁力计是机械稳定的并且不移动。这种假设必须保持很高的可信度。对于前面的例子,如果其中一个磁力计的轴垂直于地球的场(最坏的情况),则通过角度 θ_r 旋转产生的噪声 n_r 由 $n_r = F\sin\theta_r$ 给出,对小角度则变为 $n_r = F\theta_r$。当 $F = 51000\text{nT}$,且 $\theta_r = 0.001°$时,$n_r = 0.9\text{nT}$,远高于其他任何噪声源。

当矢量磁力计从水面浮起、悬浮在水柱中或附着在移动平台上时,运动噪声最为突出。如果矢量传感器的运动噪声处于感兴趣的通带内,则不能通过滤波消除。对于这些情况,通常必须计算三轴磁力计各分量的矢量和,在总场配置中使用三轴磁力计;然而,对于全场传

感器，由于存在更大的地球磁场，则会造成部分信号信息的丢失。这是一个需要进一步解释的重点。

存在更大地球磁场的情况下，小信号的总场分量的推导始于其分量的矢量和。在地球场（F_x, F_y, F_z）中的三个信号分量（s_x, s_y, s_z）的矢量和由下式给出：

$$T = \sqrt{(F_x + s_x)^2 + (F_y + s_y)^2 + (F_z + s_z)^2} \tag{4.16}$$

可以进一步展开为

$$T = \sqrt{F_x^2 + s_x^2 + 2F_x s_x + F_y^2 + s_y^2 + 2F_y s_y + F_z^2 + s_z^2 + 2F_z s_z} \tag{4.17}$$

合并同类项后，可得

$$T = \sqrt{|\boldsymbol{F}|^2 + 2F_x s_x + 2F_y s_y + 2F_z s_z + |\boldsymbol{s}|^2} \tag{4.18}$$

式中：$\boldsymbol{F}$、$\boldsymbol{s}$ 分别为地球场和信号的幅值。

从根号内提出$|\boldsymbol{F}|^2$，并展开为级数形式

$$T = |\boldsymbol{F}|\left(1 + \frac{F_x s_x}{|\boldsymbol{F}|^2} + \frac{F_y s_y}{|\boldsymbol{F}|^2} + \frac{F_z s_z}{|\boldsymbol{F}|^2} + \frac{|\boldsymbol{s}|^2}{2|\boldsymbol{F}|^2} + \cdots\right) \tag{4.19}$$

乘以$|\boldsymbol{F}|$，并在小信号的假设下忽略与$|\boldsymbol{s}|/|\boldsymbol{F}|$同阶或更高的所有项，则方程式（4.19）可写为

$$T \approx |\boldsymbol{F}| + e_x s_x + e_y s_y + e_z s_z \tag{4.20}$$

式中：e_x、e_y 和 e_z 为地球场方向的单位向量。

从方程式（4.20）中减去地球场的幅值，并将结果表示为普通矢量的形式，即

$$T \approx \hat{e} \cdot \boldsymbol{s} \tag{4.21}$$

式（4.21）表明，不管全场传感器的测量机制如何，主要测量地球场更大的方向上的磁场特征，并且在这些情况下不能分解出与其垂直的分量。

上述分析假设磁力计的三个分量完全正交，具有相同的增益，并且没有 DC 偏移，当然，实际情况并非如此。即使使用高性能的 DFM24G 三轴磁通门磁力计，当传感器在地球场中自由旋转时，也会

观察到大于几百 nT 的总场(矢量和)噪声水平。可以使用特殊的校准过程以数学方式校正传感器的不准确度。

对校正三轴磁力计的正交性、增益和偏移以用作总场传感器的技术,一些研究人员已经有所研究,其中最新的成果可以参见文献[12]和文献[13]。在此将使用一个简单的例子说明可能实现的运动噪声降低量级。校正的总磁场矢量和为

$$T_c = \sqrt{h(H_x - O_x)^2 + [a(H_x - O_x) + b(H_y - O_y)]^2 + [c(H_x - O_x) + d(H_y - O_y) + e(H_z - O_z)]^2} \tag{4.22}$$

式中:H_x、H_y 和 H_z 为使用未校准磁力计测量得到的三轴场;a、b、c、d、e 和 h 为对正交和增益误差相结合的校正;O_x、O_y 和 O_z 是校正补偿误差的系数。方程(4.22)中的 9 个校正系数,是作为传感器校正过程的一部分,通过实验确定的。

为了校准总场矢量磁力计,当传感器围绕其轴旋转时,同时记录三轴场读数。可以在具有已知施加磁场的大型亥姆霍兹线圈内进行校准,也可以使用附近的参考传感器在地球场内旋转以监测背景变化。每个轴应旋转 360°以最大限度减少实验误差并避免奇异解。在收集完所有数据之后,可以通过最小化诸如 $\varepsilon = \max|T_t - T_c|$ 的误差函数确定校正系数,其中 T_t 为在每次传感器转动时测量 H_x、H_y 和 H_z 期间施加的真实总场。

许多数学软件包包含可以迭代求解 9 个校正系数的例程,该校正系数使所有校准角度上的 ε 最小化;但是,必须注意找到全局最小化 ε 的校正系数,以获得最佳性能。在恒定背景场内旋转的三轴磁力计的数学模拟,可用于显示如何实施正交性、增益和偏移校正。

在此示例中,三轴磁力计的误差设置为 ±0.1°(正交性)、±5nT(偏移误差)和 ±10%(线性增益误差)。为了使仿真更加接近实际,每个测量轴将添加 ±0.1nT的均匀随机传感器噪声水平。在 55000nT 的背景场内,通过 1080 个不同角度,在三个方向上改变旋转数值来校

准传感器。方程式(4.22)中的9个校正系数被发现具有最小化 ε 的非线性迭代程序。然后使用这些校正系数计算 ε,同时将传感器旋转其他100000个角度以测试其正交校正。在轴校正之前总场的最大误差大于500nT,校准之后小于0.25nT。

存在可以直接测量绝对总场的磁场感测机制,这些传感器也称为标量磁力计,因为它们只能测量总磁场的大小而不能测试方向。不论频率如何,标量磁力计总是根据方程式(4.21)测量地球磁场较大方向上的小信号分量。

几乎所有的标量磁力计都利用被称为核磁共振原理感应磁场。这些传感器用DC或AC磁场激发质子或电子,然后当它们围绕要测量的外部场旋转时测量它们的进动频率。进动频率与所施加的磁场的旋磁比是常数,对于质子,其为 2.67515255×10^8 red/(s·T)。磁共振磁强计的高灵敏度源于现代电子计数器所能实现的精确频率测量。质子的旋磁比是国际单位制中使用的常数,用于定义磁场(T)和电流(A)的量度。虽然潜艇检测不需要标量磁力计,但设计合理的标量磁力计可以用于测量绝对精度高的磁场。

一般类型的标量共振磁力计分别是质子进动、Overhauser和光学泵浦磁力计,它们的工作原理和设计时应考虑的因素参见文献[14],可以通过对其操作的简单描述理解其应用于潜艇检测的优点和缺点。

在质子进动磁力计中,富含质子的液体(如煤油)样品受到强直流磁场的作用,使其中的一些质子顺应于施加场的方向。当强偏置场移除时,外部场作用的质子进动是大地球背景场和小得多的潜艇磁特征(若存在)的矢量和。由于质子具有磁矩和自身的磁场,因此可以用感应拾波线圈和频率计测量进动频率。通过测量频率与旋磁常数相关联,计算磁场幅值。对大偏置场的要求使得简单的质子进动磁力计成为高功率装置。

Overhauser效应用于降低对质子进动传感器的功率要求。这种效应将材料的电子磁极化转移到质子。由于电子比质子更容易极化,因此Overhauser磁力计比简单的质子进动传感器需要更少的能量。

光学泵浦标量磁强计比质子进动仪更灵敏、耗电更少、带宽更宽。这些传感器直接利用电子的自旋共振特性量化磁场。He^4原子中的电子或蒸发的碱金属(Na^{23},K^{39},Rb^{85}&Rb^{87}和Cs^{133})被光学泵浦到更高的能量状态,接着从这些状态开始衰变。由于电子的自旋速率是质子的600倍,因此可以构造比其他自旋谐振传感器更灵敏并且具有更好频率响应的光学泵浦的标量磁强计。

高灵敏度和运动噪声低使得核磁共振和光泵浦标量磁强计对于从移动平台上探测潜艇变得具有吸引力。当然,每种类型的场传感器都有优点和缺点。制造商不断开发创新研究以提高仪器的灵敏度,并减少不利特性。除了灵敏度和成本之外,在潜艇监视系统设计中应考虑的场传感器参数包括功率、重量、体积、带宽、陀螺运动噪声、对高梯度场的敏感性、相对于地球场的定向要求、校准和维护以及操作便捷程度等。这些参数的相对重要性取决于部署平台的大小、可用功率、自噪声、可操作性、振动、自动化程度、任务时间和重复使用性要求等因素。

据报道,He^4标量磁强计的噪声水平低至0.2pT[15]。如果能够将所有磁噪声降低到0.2pT传感器噪声水平,则前面示例中所使用的潜艇目标源强度的最大检测范围将会达到4km的量级;然而,在这个级别上实现系统性能会是一项重大挑战。

载人海上巡逻机通常在其MAD系统中使用光泵浦的He^4或Cs^{133}磁力计。传感器安装在一个悬臂中,该悬臂在固定翼飞机的后面或前面伸出,或者安装在直升机后面几米处的吊舱内。吊舱和延伸臂的目的是尽可能地消除传感器受飞机本身产生磁噪声的影响。不幸的是,由遥感器感测到的飞机噪声通常仍然太高,需要进一步降低。

与水下潜艇屏障不同,对于空中监视系统地磁和表面波噪声不是主要磁噪声源。因为飞行器与目标相比行进速度高,所以检测到的信号的能量位于干扰底部安装阵列的较强地磁噪声之上的频带中。此外,飞机可以在表面波噪声显著降低的高度飞行。然而,地球内部地质源产生的自然磁异常会掩盖目标或产生虚假信号。一般通过前驱航空磁测量和对感兴趣的区域绘制地磁图，然后将与磁异常相关的磁信号去除以消除地质噪声。有关 MAD 系统噪声源的更完整描述参见文献[15]。

尽管磁传感器安装在延伸臂或尾随吊舱内，机载 MAD 系统的噪声源还会来自飞机的结构或机载电气系统。正如第 2 章对船舶和潜艇所讨论的，传感器所在平台的固定和感应磁化，导电材料中产生的涡流以及由动力电路引起的杂散场，可以在传感器处产生淹没目标特征的磁场。但是，平台的磁场不必在其周围的整个空间内减小，而仅需在传感器位置处减小。

类似于海军舰船，任何减少传感器平台磁场的第一步，是在考虑主动消除技术之前尽可能地消除磁源。通过使用非铁材料建造航行器及其部件，可以将固定磁化和感应磁化最小化。如果机身和内部结构不导电，则涡流产生的磁场也将会减小。精心设计舰载电动系统（电缆、电动机、发电机和电池等）可以显著减少杂散场。可以对重要电路中电流的监控消除任何多余的杂散场分量，一般通过数字化或专用硬件实现对任何剩余感应、固定和涡流噪声的主动消除。

主要基于 Tolles 和 Lawson 最初开发的算法[16]消除标量磁力计位置处的飞机噪声，传感器平台产生的总磁噪声可以表示为

$$N_a = N_p + N_i + N_e \tag{4.23}$$

式中：N_p 为探测传感器位置处的固定磁化噪声；N_i 为感应磁化；N_e 为平台做旋转操纵时产生的电涡流噪声。如果可以对这些平台噪声进行实时估计，并将其从探测传感器的读数中减去，则可以改善 MAD 系统的性能。

虽然可以在任务持续时间内保持平台固定磁化的方向和幅值不变，但是标量磁力计检测到的磁噪声仅包含根据方程式（4.21）沿地球磁场方向的那些场分量。因此，即使磁源本身是恒定的，平台的固定磁化噪声信号最终也随其在地球场内的朝向改变，这种噪声可以表示为

$$N_{\mathrm{p}} = \sum_{i=1}^{3} p_i u_i \tag{4.24}$$

式中：p_i 为由平台的固定磁化在其横向($i=1$)、纵向($i=2$)和垂向($i=3$)产生的矢量场分量噪声；u_i 为平台轴和地球场方向之间的方向余弦，可使用 $u_i = \cos a_i$ 计算得到，其中 a_i 为地球场和平台三个轴之间的方向角。

对于感应磁噪声，标量磁力计所测量的磁化本身及其合成噪声场都是平台方向角的函数。感应噪声为

$$N_{\mathrm{i}} = \sum_{i=1}^{3} \sum_{j=1}^{3} a_{ij} u_i u_j \tag{4.25}$$

式中：a_{ij}为根据经验确定的常数。

由于 $u_i u_j = u_j u_i$，从而 $a_{ij} = a_{ji}$，独立常数减小到 6 个。

通常，没有必要求解地球的常数场，因为可以使用高通滤波器将其从测量数据中清除，此时由于

$$\sum_{i=1}^{3} u_i^2 = 1 \tag{4.26}$$

从而可以将 u_3^2 消除，并将 a_{33} 置零。对感应噪声而言，独立未知常数减少到 5 个。

当平台在地球磁场中转动时，平台中感应的涡流源与方向余弦的时间导数成比例。这些源又产生一个必须投射到地球场方向的磁场，因此，可以将涡流噪声场表示为

$$N_{\mathrm{e}} = \sum_{i=1}^{3} \sum_{j=1}^{3} b_{ji} u_i \dot{u}_j \tag{4.27}$$

式中：$\dot{u}_j$ 为 u_j 关于时间的导数；b_{ji}为可以根据经验确定的常数。

对方程式(4.26)求关于时间的导数，通过令 b_{33} = 零，可以从方程式(4.27)中消去 $u_2 \dot{u}_3$，这样对电涡流噪声而言只剩下 8 个独立的未知常数。

在任务开始时，凭经验确定 16 个未知噪声常数。操纵飞机相对

于地球磁场方向沿几个不同的航向角飞行。通常在较高的海拔进行这些演习,以最大限度地减少海洋表面波浪噪声和地质噪声源的影响。通常,方向余弦是由三轴磁通门矢量传感器测量的磁场计算得到的;然后,飞机标量磁力计测量的磁噪声与同时测量的方向余弦及其变化率相关联。在根据 MAD 补偿测量(MAD compensation measurements,MADCOMP)计算得到 16 个噪声参数后,系数用于低空搜索潜艇时实时消除飞机噪声。尽管传统上 Tolles - Lawson 噪声补偿算法应用于载人 MAD 飞机,但原则上也可用于无人移动式监视平台。

参考文献

[1] D. Kennedy. (2003. Dec.). The midget submarine attack against Sydney:May 1942. Mysteries/Untold Sagas of the Imperial Japanese Navy. [Online]. Available: http://www. combined-fleet. com/Tully/sydney42. html.

[2] R. Walding. (2003. Oct.). Indicator loops around the world. Moreton Bay College. Queensland, Australia. [Online]. Available:http://home. iprimus. com. au/waldingr/loops. htm.

[3] R. Burgess,"Lest we forget," *Proc. U. S. Naval Inst.* ,vol. 128/7/1,193,July 2002.

[4] D. G. Poivani,"Magnetic loops as submarine detectors," Poster L - 1,MTS - IEEE Oceans' 77.

[5] G. K. Hartmann and S. C. Truver, *Weapons That Wait*, 2nd ed, Annapolis, MD: Naval Institute Press,1991,p. 115.

[6] J. Chesnoy, *Undersea Fiber Communication Systems*. London, United Kingdom: Academic Press, 2002,pp. 514 -515.

[7] J. E. Caldwell (2005. May). Real - time geomagnetic data. USGS. Reston, VA. [Online]. Available:http://geomag. usgs. gov/

[8] J. T. Weaver,"Magnetic variations associated with ocean waves and swell," *Jour. Geo. Res.* , vol. 70,no. 8,Apr. 1965.

[9] P. Ripka, *Magnetic Sensors and Magnetometers*, Boston, MA: Artech House,2001,p. 105 - 109.

[10] B. Billngsley (2005). DFM24G 28 bit resolution serial digital triaxial fluxgate magnetometer. Billingsley Aerospace & Defense. Germantown, MD. [Online]. Available: http://www. magnetometer. com/products/specs/dfm28g. pdf.

[11] P. Ripka, *Magnetic Sensors and Magnetometers*, Boston, MA: Artech House, 2001, p. 129 - 169.

[12] S. Takagi,J. Kojima,and K. Asakawa,"DCcable sensors for locating underwater telecommuni-

cation cable," *Proc. MTS - IEEE Oceans* '96, vol. 1, 23 - 26 Sept. 1996, pp. 339 - 344.

[13] R. E. Bracken, D. V. Smith, and P. J. Brown, "Calibrating a tensor magnetic gradiometer using spin data," USGS. Reston, VA. [Online]. Available: http://www. usgs. gov/pubprod/.

[14] P. Ripka, *Magnetic Sensors and Magnetometers*, Boston, MA: Artech House, 2001, p. 267 - 304.

[15] L. Bobb, J. Davis, G. Kuhlman, R. Slocum, and S. Swyers, "Advanced sensors for airborne magnetic measurements", *Proc. 3rd International Conference on Marine Electromagnetics* (*MARELEC*), July 2001.

[16] S. H. Bickel, Small signal compensation of magnetic fields resulting from aircraft maneuvers, *IEEE Trans. Aero. and Elect.*, vol. AES - 15, no. 4, Jul. 1979.

5 总　　结

80 多年来,水雷和探测系统一直在开发与利用海军舰艇的磁特征。船舶磁场的主要来源是用于建造船体、内部结构、船用机械和设备的铁磁钢。最初在战舰的木质船体上使用钢铁进行覆盖,后来发展到用钢铁制造整个壳体(起源于海军对火炮损伤的应对措施)。然而,这种应对措施所产生的磁场导致了新型武器的出现——磁感应水雷;同时,水下和空中机载监视系统利用潜艇的磁特征对潜艇进行探测和定位。

未来的海军武器可能进一步利用船舶的磁场进行终端导航以及近距离融合。由于磁场随距离下降的速度相对较快,因此通过武器系统的磁引信探测可确保弹头在接近目标时引爆。磁场传感器的小型化将加速这一应用,现实情况是磁场传感器确实正在快速发展。

铁是舰船钢中的主要铁磁合金的成分。铁磁元素在其第三轨道具有不成对电子,并且必须在其晶体结构中以最佳距离间隔分布,以便进行有利的能量交换。具有高铬含量的非磁性奥氏体不锈钢具有不利于铁磁性的原子间距,但仍具有作为防护装甲的理想性能。因此,非磁性钢作为高碳磁性合金的替代品非常有吸引力,可以显著减少船舶的磁特征。

地球的自然磁场根据其纬度、经度和航向在船上引起磁化。感应磁化可以分成三个正交分量,分别沿船舶的垂直、纵向和横向轴线方向。三个感应磁化中的每一个分别在船体周围产生自己的特征分量分布。铁磁船舶结构上的机械应力将产生一些感应磁化并作为固定成分保留下来,不会随地球感应场的变化而立即发生变化。类似地,固定磁化可以分成船的三个正交方向，并且可产生自己的特征标记。铁磁特征分类的总数达到 18 个，即三个感应和固定磁化方向中的每个方向均又具有三个特征分量。

除铁磁性外，其他重要的船舶磁源还有涡流、腐蚀相关场和杂散场。当舰艇的壳体在地球磁场中做横摇运动时，船体主要产生涡流及相关磁场。腐蚀相关场源自沿船体的异种金属之间的电化学腐蚀电流、阴极保护阳极以及设计用于防止生锈的材料之间流动的自然腐蚀电流。杂散场的船载源是电机和配电系统，其在形成回路的电路中承载电流，这些次级磁场源同时具有 DC 和 AC 分量。

使用非磁性与非导电材料建造水面舰艇和潜艇可以消除大部分的磁特征。此类舰艇带有很少或没有铁磁材料使得地球的背景场改变，另外因为船体结构是不导电的，也不存在涡流场；并且鉴于建造材料的非导电性质，几乎没有腐蚀电流场。然而，减少或消除杂散场的舰载源，高电流电机和配电系统设计时首先应满足低磁场的要求。由于不可能完全消除所有带磁场的船载源，因此剩余分量的主动补偿可以使磁特征进一步减少，以降低舰艇对水雷和探测系统的敏感性。

磁感应沉底雷是为了对抗机械扫雷系统而开发的，机械扫雷系统在第一次世界大战期间被证明可有效清除锚雷。在第二次世界大战期间，用于感应水雷的磁传感器主要基于磁针原理或螺线管中的磁感应。后来，低功率磁通门磁强计用于目标检测装置。

现代水雷在若干领域提高了性能，一些重要进步包括：

（1）毁伤力更强的爆炸物，使杀伤力和毁伤半径均大幅增加；

（2）具有较大攻击范围的自航式水雷，可提升雷区的威胁等级，同时可以部署更少的水雷；

（3）更强的目标和船舶吨位级别识别能力；

（4）加强了对猎雷、扫雷和目标船舶特征减少等反水雷对策的反制能力。

传感器技术的快速发展使这些改进中的最后两项成为可能。感应水雷的研制要实现四个主要目标：

（1）消除或显著减少环境、自然或人造背景噪声；

（2）在其攻击范围内探测到水面舰艇或潜艇的存在，并测量其特征；

（3）将反水雷信号识别为虚假目标，并禁止触发；

（4）确定来自有效目标的特征，并在满足杀伤力要求时引爆爆炸弹头。

通过使用来自一个或多个传感器的输出信号，同时检测流体动压力变化、声学/地震信号以及磁场及其梯度，从而在统计基础上满足这些目标要求。通过使用低功率需求的现代微处理器实现信号处理技术，并将其他改进结合到武器中。

为了破坏目标船舶，在爆炸时不需要感应水雷与船舶直接接触。爆炸产生的高压气泡形成冲击波和冲击船体的压力脉冲，如果船体不能通过塑性变形完全吸收冲击能量，船体就会破裂；即使船体没有破裂，由冲击波导致的船舶结构的剧烈加速度也会对船员造成伤害，并严重损坏机械和推进系统、武器和电子设备。

必须对水雷爆炸的最佳灵敏度阈值进行设置，以对其攻击范围内通过的所有主要目标造成所需程度的损害。并且触发设置不能太敏感，否则水雷会被超出其损伤范围的目标引爆，从而造成浪费，或者水雷会非常容易地被扫雷系统发现，从而在没有目标存在的情况下被引爆。最佳的水雷灵敏度设置是一个能产生不大于爆炸装药损伤范围的触发距离的设置。

除了扫雷之外，猎雷和减少船舶特征是三个防御层级的其他两种水雷反制措施。对水雷防御的第一层级，也是最好的防御措施，是防止它们制造、运输和部署。如果以某种方式将水雷部署在有争议的水域，通过猎雷、爆炸性炸药的破坏以及利用扫雷技术将其摧毁，共同构成第二防御层。但是，如果在完成扫雷作业后仍然有一两个水雷留在过境区域内，则船舶必须依靠水下特征控制技术作为第三层防御。

扫雷效果与减少船舶特征之间存在直接关系。选择水雷的灵敏度设置以使其最大触发距离与爆炸装药的任务中止损坏范围相匹配，可以达到预设的优先目标。如果雷区设计者不知道目标船只特征已经降低，或者是忽略了这个事实并且没有增加水雷的灵敏度，那么目标船只可能会在没有触发任何水雷的情况下安全驶过雷区，这称为雷区的灾难性故障。然而，如果雷区设计人员确实增加了水雷对触发和损伤范围重新匹配的灵敏度，则雷区会更容易被清扫，导致更大的扫掠宽度并且需要更少的投入（更少的时间和/或更少的扫雷平台）用于清除雷区。

未来水下隐身技术的发展，可能会将船只的磁特征降低到足以完全隐藏在水雷的背景磁噪声中，即使在浅水域也是如此。此外，有可能使用干扰信号使水雷“失明”，使其无法在有效目标驶过时做出正确的触发判断。当海军舰艇的水下特征减少时，技术不成熟的水雷会更容易被清除或变得无效，而现代敏感和防扫掠的水雷则更容易被干扰。自发明磁性水雷以来，第一次出现反水雷措施走在水雷研发前面的状况，即使只是很小的一步。

减少潜艇的磁特征不仅降低它们对水雷感应的敏感性，而且降低了它们被水下和空中机载监视系统成功探测的可能性。在第二次世界大战期间，大型感应环被放置在重要港口的水域内和入口处，作为对可能试图潜入并击沉停泊船只的敌方潜艇的预警。此外，巡逻机还配备了磁传感器，以探测通过直布罗陀海峡等要塞点航行的潜艇。这两种监视系统都成功地发现潜艇并导致潜艇的沉没。

虽然磁感应环屏障起源于第二次世界大战，但它作为国土安全、部队和港口保护、禁毒以及海岸线监测的组成部分，仍然适用于现代威胁的防范。在第二次世界大战期间，已经成功部署并运行了长度超过 10km 的环路。现代技术可以制造更长的港口环路。这种潜艇探测系统的优点是能够永久监视大型浅水区域，由于没有水下电子设备，而几乎不需要任何水下维护。

港口环路监视系统的一个缺点是无法在其覆盖范围之外定位目

标。三轴磁矢量传感器,如磁通门磁力计,提供了更多可用于在三维空间中跟踪目标的信息。然而,发生故障时,修理或更换这种类型的传感器阵列的水下电子设备会非常昂贵或困难。其他矢量仪器,如霍尔探头、GMR、光纤和 SQUID 磁力计都存在问题,使得它们在海底监视系统中作为底部安装的传感器不具有吸引力。

将三轴磁力计用作场传感器时,必须在计算其矢量和之前校正其正交性、增益和偏移误差。将场磁力计用于浮动阵列或移动平台,可以减少由地球场内的矢量磁传感器的转动产生的噪声。基于核磁共振现象的磁传感器直接测量总场;然而,总场传感器的一个缺点是主要检测潜艇较小特征的主要分量,该分量位于地球磁场有更大分量的方向,与该方向垂直的小特征对于总场传感器几乎无法感知。

水下或空中潜艇监视系统必须解决几种磁噪声源。太阳风撞击地球电离层引起的地磁噪声会产生电流和相关的磁场变化,此外,由于海洋表面波和涌浪使海水在地球磁场中运动也会产生电流和磁噪声。使用背景噪声参照传感器可以减少这两种噪声,利用该传感器能够减去或自适应消除监视系统磁强计中的噪声。

当磁场传感器安装在移动平台(如飞机)上时,会出现额外的噪声源。传感器所在移动平台本身的地质噪声和感应磁场、固定磁场、涡流和杂散场是传感器的噪声源,而这些通常不会出现底部固定安装的阵列中。目前,可以通过预先绘制感兴趣区域的地磁场并在监视操作开始之前测量获得大的自然磁异常来消除地质噪声;尽可能地使用非磁性和非导电材料制造安装传感器的平台来减少平台的自噪声;使用被称为 Tolles – Lawson 算法的噪声自适应消除技术,可以从监视传感器中去除任何残留的铁磁或涡流产生的噪声;通过平台电气系统前期的适当设计和使用机载电路中的电流监视器作为噪声参考,进行噪声自适应消除,以降低杂散场噪声。

已经提出了用于搜索潜艇或其他水下磁性目标的空中、水面和水下无人驾驶航行器的磁检测系统。根据任务的不同,这些监视平台可以单独运行或大量运行(称为集群),这样可以提高在高噪声浅水环境中成功探测声学安静型目标的概率。通常,从小型无人传感器平台移除磁噪声源比使用大型载人平台系统更容易、成本更低,并降低或完全消除对 Tolles – Lawson 补偿算法的性能要求。